上海大学出版社

2005年上海大学博士学位论文 15

仿人形机器人双足动态步行研究

● 作 者：柯显信

● 专 业：机械电子工程

● 导 师：龚振邦

2005 年上海大学博士学位论文 15

仿人形机器人双足
动态步行研究

作　者：柯显信

专　业：机械电子工程

导　师：龚振邦

上海大学出版社

·上海·

Shanghai University Doctoral
Dissertation（2005）

Bipedal Dynamic-Walking for a Humanoid Robot

Candidate：Ke Xian-xin
Major：Mechantronics Engineering
Supervisor：Prof. Gong Zhen-bang

Shanghai University Press
· **Shanghai** ·

上 海 大 学

　　本论文经答辩委员会全体委员审查,确认符合上海大学博士学位论文质量要求.

答辩委员会签名:

主任: 程君实　教授,上海交大信息存储研究中心　　200030

委员: 马培荪　教授,上海交大机器人研究所　　　　200030

　　　钱晋武　教授,上海大学机自学院　　　　　　200072

　　　刘　谨　教授,上海大学机械自动化工程系　　200072

　　　李爱平　教授,同济大学制造技术研究所　　　200092

导师: 龚振邦　教授,上海大学　　　　　　　　　　200072

评阅人名单：

    程君实   教授,上海交大信息存储研究中心   200030

    黄　强   教授,北京理工大学机电工程学院   100081

    马宏绪   教授,国防科技大学自动化系   410073

评议人名单：

    强文义   教授,哈尔滨工业大学   150001

    钱晋武   教授,上海大学机自学院   200072

    赵锡芳   教授,上海交大机器人研究所   200030

    崇　凯   教授,江苏大学机械工程学院   212013

答辩委员会对论文的评语

仿人形机器人技术研究是多学科交叉的前沿课题,也是国内外机器人技术领域的一个研究热点,柯显信同学的博士学位论文"仿人形机器人双足动态步行研究",属于仿人形机器人的关键技术之一,选题具有重要的理论意义和应用价值.

论文作者应用旋量理论,基于计算机符号推理方法,得到12个自由度机器人在平地行走时的三维运动学和动力学的解析模型.研究了支撑脚底与地面之间的接触状态,得到机器人支撑脚的步行稳定性条件,并提出了改善脚/地间接触状况的措施.论文提出了非时间参考的步态规划方法,该方法在环境对机器人空间运动路径有特殊约束时具有很大的优越性.提出了基于调节瞬时步行速度的稳定性智能控制策略,在机器人发生前倾或后倾时,应用模糊控制算法,通过在线修正非时间参考量的运动轨迹,使机器人整体加速或减速,实现动态稳定步行.最后,在仿人形机器人的简化虚拟原理样机系统上,进行了机器人平地动态稳定行走及上楼梯的仿真验证.

论文应用了旋量理论、多体动力学、计算机符号推理、智能控制等多门学科技术,对仿人形机器人双足动态步行的相关理论进行了深入研究,提出了具有创新性的观点,对仿人形机器人研究具有很好的借鉴作用.

论文工作表明作者具有坚实宽广的理论基础和系统的专业知识,有较强的独立从事科学研究工作能力.论文文笔通顺,条理清晰,公式推导正确.论文答辩中讲解清楚,能正确回答问题.

答辩委员会表决结果

经论文答辩委员会讨论,并投票表决,一致同意通过柯显信同学的博士论文答辩,并建议授予工学博士学位.

答辩委员会主席：**程君实**

2005 年 6 月 17 日

摘　　要

　　近年来,仿人形机器人的研究发展迅速,仿人形机器人越来越具有人的特征.双足步行,相对于其他移动方式,是支撑脚离散、交替地接触地面的,可主动选择最佳支撑点,因而受环境的限制少,具有很高的灵活性.仿人形机器人模仿人类的行走方式,特别适合在人类的日常生活和工作中,与人友好协调地完成任务.仿人形机器人的双足动态步行研究,正成为机器人领域的一个研究热点,不仅有重要的学术意义,而且有现实的应用价值.要稳定地实现仿人形机器人双足动态步行,涉及的研究领域很广,本文研究其中一些最为基础和关键的问题,主要是数学模型、步行稳定性与约束条件、步态规划与优化、步行控制策略等,具体有:

　　1. 应用旋量理论,将仿人形机器人两足步行机构的运动学表示为若干运动螺旋的指数积.基于计算机符号推理方法,编制符号推理程序,得到仿人形机器人的三维运动学和动力学的解析模型.基于现代 Lie 群分析技术,应用动力学系统微分方程在无限小变换下的不变性的 Lie 方法,研究仿人形机器人侧向动力学模型的 Lie 对称性,并得到相应的守恒量.

　　2. 基于地面支反力中心的概念,研究支撑脚与地面间的接触状况.通过分析支撑脚/地接触面上支反力的分布,获得支撑脚与地面间保持全接触的约束条件,这也表明了零力矩点(Zero Moment Point,ZMP)稳定性条件与全接触条件的存在差异.并给出了脚底板中间开槽有助于改善脚/地间接触状况的证明.
研究了随着受力状况的变化,支撑脚与地面间的接触形态的演
化.综合接触与打滑因素,得到机器人支撑脚相对地面保持固
定的步行稳定性充要条件.基于几何学和步态规划知识,研究
了机器人上下楼梯时台阶对机器人运动路径的几何约束.

3. 总结了机器人双足步行的常用概念,明确了单步与复步
的区别,将仿人形机器人研究中的"步"的概念与日常生活中的
"步"统一起来.为了利用机器人行走中的惯性,按照倒立摆模
型的固有轨迹规划出机器人的中步步态.在保证不同阶段步态
间平滑联接的情况下,采用加速度空间规划方法得到起步和止
步阶段的前向步态.再根据不同阶段的侧向步态近似的特点,
应用过渡函数将中步的侧向步态转化为起步与止步的侧向
步态.

4. 提出了非时间步态规划方法,将常规步态中的时间参变
量转换为非时间参变量,使步态规划可以分为两个阶段进行:
1) 空间运动路径规划,以上体前向运动位置为非时间参考变
量,考虑环境约束,设计出无碰撞的机器人运动的几何路径,以
确定各个关节间的协调运动关系;2) 确定非时间参考变量的时
间轨迹,即根据 ZMP 稳定性条件,确定上体前向运动轨迹,将
步态规划问题转化为有约束的优化问题.最后利用遗传算法出
色的优化与搜索性能,得到 ZMP 稳定性好的优化步态.对于机
器人通过障碍或上下楼梯等对机器人位形有特殊约束的步态
规划问题,此方法具有很大优越性.在进行步行稳定性控制时,
只需修正非时间参考变量的时间轨迹,使在线修正算法可以很
方便地在离线步态规划的基础上实现.

5. 建立仿人形机器人的虚拟原理样机系统. 首先在 Pro/E 中建立仿人形机器人的三维几何模型,然后导入 ADAMS,建立机器人的机械系统虚拟原理样机. 再用 Matlab 进行机器人控制系统设计与仿真,通过 ADAMS/Controls 接口模块建立起与机械系统虚拟原理样机间的实时数据管道,实现专业级虚拟样机系统的联合仿真.

6. 结合非时间参考步态规划方法,提出基于调节瞬时步行速度的稳定性智能控制策略. 在机器人发生前倾或后倾时,通过让机器人整体加速或减速,使机器人上产生与倾覆方向相反的附加回复力矩. 在机器人发生前倾时,还会使摆动腿提前落地,机器人及时获得新的支撑,保证机器人恢复稳定. 根据非时间参考步态规划的原理,在实施步行稳定性控制时,只需对非时间参考量进行调节. 本文以直观反映机器人步行稳定状况的上体倾斜状态为输入,应用模糊控制算法,通过调节非时间参考量的时间轨迹,即以上体前向运动轨迹的修正量为输出,改变机器人的瞬时速度,在线实时地修正步态,使机器人在不改变空间运动路径的情况下,实现动态稳定步行. 最后,通过仿人形机器人的虚拟原理样机,进行了机器人上楼梯的动态稳定行走的综合仿真验证.

关键词 仿人形机器人,双足步行,稳定性,Lie 对称性,步态规划,非时间参考,虚拟原理样机

Abstract

The research on humanoid robot developed rapidly in recent years, and humanoid robot has more and more human being characters. Comparing with other locomotion methods, the supporting foot is alternately discretely contact with the ground during bipedal walking, the best supporting position can be chosen, the locomotion has the least restriction from the environment, so the bipedal walking has the highest flexibility. Since humanoid robot copy the locomotion method from human being, it suits to human-friendly help people or cooperate with people in the daily life and works. Studying the bipedal dynamical walking of a humanoid robot is becoming one of the main focus in robotics, it has not only important academic value but also considerable significance of application. To realize stable dynamic-walking involves many aspect, this paper studied the most fundamental ones of them, such as: the mathematical model, the stability constraints, gait planning and optimization, the control strategy of walking and so on. The researches include:

1. The kinetics of a biped robot is expressed as exponent product using screw theory. The 3D analytic kinetic and dynamical models are deduced. The corresponding computer-aided symbol deduction program is compiled. The modern Lie Group analysis is introduced, applying the Lie method of the invariance of the differential equations undergoing

infinitesimal transformation, the Lie symmetry of the lateral
dynamic model of the humanoid robot is studied, and the
corresponding conserved quantity is found.

2. For indicating the contact state between the
supporting foot and the ground, the new concept of the
center of the normal ground reaction force is introduced.
Analyzing the distribution of the normal ground reaction
force, the constraint condition of keeping the supporting foot
to be fully in contact with the ground is obtained. The study
shows cutting a slot at the bottom of the supporting foot can
improve the contact state between the supporting foot and the
ground. The contact state changes along with the change of
the forces on the supporting foot. Syntheses the contact and
slipping factor, the condition of keeping the supporting foot
to be fixed on the ground is found. Based on the knowledge of
geometry and gait planning, the constrain condition of the
stair acting on the robot walking path during climbing upstairs
and downstairs is studied.

3. The common concepts of bipedal walking are
summarized, the stability index and stability angle is
proposed. The difference between single step and double step
is cleared, and the "step" concept in humanoid robot and
daily life is united. For utilize the inertia of the bipedal
walking of the robot, taking the character of the main mass
of the robot located at the upper-body in consideration, using
the inherence trajectory of the inverse pendulum plans the
walking gait. Under the circumstance of smoothly connecting
deference gait of several phases, the forward gaits of the
beginning and ending phases are designed in accelerating

space. In consider the similarity of the lateral gait in deferent phases, the lateral gait of the beginning and ending phases are obtained from the middle phase using transition function.

4. Non-time reference gait planning method is proposed. The usual reference variable, time, is changed to a non-time variable in gait, so the whole gait-planning phase can be divided into two phases, (1) planning the space walking path: Taking the forward locomotion of upper-body as reference variable, considering the constraint of the environment, the walking path of a robot without collision with other objects is designed, thus the relating locomotion of the parts of the robot is obtained; (2) planning the trajectory of the non-time reference variable: according the constraint of ZMP stability, design the forward locomotion of upper-body. The gait-planning problem is changed to the optimization problem. Using the excellent optimization and searching property of Genetic Algorithm, the gait with good stability is obtained. This non-time reference gait planning methods has advantages in passing obstacles, climbing upstairs or downstairs and other similar situation in which the walking path is specified. In the progress of stability control, the non-time reference variable is the only one needs to be modified, so the online modify algorithm can realized easily based on offline gait planning.

5. For modeling the virtual principle prototype of humanoid robot, the 3D geometry model is built in Pro/E software firstly, then the model is input in ADAMS software, and the mechanical virtual principle prototype is modeled in ADAMS. The design and simulation of the control system is in Matlab software. Through the interface module ADAMS/

Controls，the data communication channel between Matlab model and ADAMS model is built. the united simulation of mechanical and control virtual prototype is realized.

6. Combining the non-time reference gait planning method，the intelligent stability control strategy through modifying the transient walking speed of the robot is proposed. When the robot falls forward or backward，the strategy lets the robot accelerate or decelerate in the forward locomotion，then an additional restoring torque reversing the direction of falling will be added on the robot. For falling forward，this strategy will also let the swing leg touch the ground sooner than original planning，so the robot will get new support，the falling forward trend will be stopped. According to the principle of non-time reference gait planning，the non-time reference variable is the only one needs to be modified in the stability control. The incline state of the upper-body，which reflects the stability state of the robot directly，is used as the input signal of a fuzzy controller；the correction of the non-time reference trajectory is used as the output of the fuzzy controller. Then the walking speed is changed，so the gait of the robot is modified online to realizing stable dynamic walking without changing the design walking space path. For testify the validity of this strategy，the humanoid robot climbing upstairs is realized using the virtual principle prototype of humanoid robot.

Key words　humanoid robot，bipedal walking，stability，Lie symmetry，gait planning，non-time reference，virtual principle prototype

目　录

第一章 绪 论

1.1 引言

行走是哺乳动物的一个重要功能,直立行走更是人类区别于其他动物的一个重要标志. 为了扩大人类的行走能力,人类发明了各种车辆,达到快速、轻便、灵活的目的. 各种车辆几乎都采用轮式运动,这就导致了对应用场合的严格限制,例如:火车需要钢轨,汽车需要公路,而不需要提供专门道路的装甲车所用的履带,实际上就是一条移动的道路. 因此说,各种车辆扩大了人类的行走能力,却是以牺牲了人对环境的适应性为代价的. 车辆在行进时,轮子是连续接触地面的,这是导致对运动环境限制的根本原因. 步行则是支撑脚离散地接触地面的,可以主动选择最佳支撑点,还可以进行跨越动作,因而受环境的限制就较少.

模仿人类行走方式的仿人形机器人研究涉及到多门学科的交叉融合,如仿生学、机构学、控制理论与工程学、电子工程学、计算机科学及传感器信息融合等. 仿人形机器人正成为机器人研究中的一个热点,其研究水平,在一定程度上代表了一个国家的高科技发展水平和综合实力. 研究仿人形机器人,除了具有重要的学术意义,还有现实的应用价值. 进一步分析仿人双足步行机器人的研究意义具体有:

首先,双足步行的移动方式在地面不平整或其他恶劣条件下(如充满障碍物)比其他方式要灵活得多,具有更好的机动性. 研究仿人形双足步行机器人,以代替人类在核电站、太空、海底及其他危害人类身心健康的复杂极端环境中工作,将大大拓展人类的活动空间.

其次,仿人形机器人的双足步行系统是一个内在的不稳定系统,其动力学特性非常复杂,具有多变量、强耦合、非线性和变结构的特点. 因此,它是控制理论和控制工程领域的一个极好的研究对象,开展双足步行技术的研究,必然推动控制理论的发展和控制技术的进步.

再次,步行是人类的一种基本活动能力,但有相当数量的人因为疾病或意外事故失去了这种能力,双足步行技术的发展会促进动力型假肢的研制,将有可能解决截瘫病人和小儿麻痹症患者的行走问题,为康复医学作出贡献. 对仿人形机器人双足动态行走机理的深入研究也使我们更深刻地理解人类活动的内在本质,有助于生物医学工程和体育运动科学的发展.

最后,仿人形机器人由于具有类人形结构,能直接进入人类生活和活动圈内,也更易于被人类友好地认同(Human-Friendly),将具有广泛的应用市场,如:随着世界人口老龄化趋势的加剧,老年人的医疗与护理将对世界经济与社会发展产生巨大压力,仿人形机器人将有望在这个领域作出贡献.

1.2　仿人双足步行机器人研究的概况

1971 年,日本早稻田大学 Kato 实验室研制出世界上第一台仿人双足步行机器人 Wap3[1],最大步幅为 15 cm,周期 45 s. Kato 实验室的成功推动了日本、美国及其他一些国家的学者在双足步行机器人领域开展广泛的研究,并取得了不少理论和实践的成果,从静态步行到动态步行,从程序控制到实时运动控制,从平面行走到斜坡行走、上下台阶,从单纯的双足机构向具有手、臂、头以及腰部的完全仿人形机器人发展. 最具有代表性的是 1996 年日本本田公司研制成功的 P2 仿人形机器人[2],已经初步具备了人类的外形,具有一定的环境适应能力,能进行一些基本的类人操作,它标志着双足步行机器人的研究已经进入了一个完全仿人形的新阶段. 本田公司 P2 的巨大成功极大地推动仿人形机器人的研究,使之再次成为学术界甚至企业界的研发热点. 据不完全统计[3],目前全世界的大型仿人形机器人项目有七十多个,小型仿人形机器人项目有六十多个,其中日本最多,其次是美国和欧盟,中国也有多家研究单位从事仿人形机器人研究. 本文以样机研制为纽带,重点介绍目前在国际上影响较大的一些仿人形机器人研究的历史与现状.

1. 日本早稻田大学仿人双足步行机器人研究[1,4-11]

早稻田大学的加藤一郎等人是世界上最早从工程角度研究仿人双足步行机器人并获得成功. 他们研制的一系列样机,在一定程度上代表了仿人双足步行机器人的研究发展历史.

(1) Wap3   1971 年研制,最大步幅为 15 cm,周期 45 s,为世界上第一个双足步行机构.

(2) WL-8D   1975 年研制,液压驱动,躯体有两个自由度,下肢有 10 个自由度,由跳跃相、单脚支撑相和脚跟触相组成一个稳定的步行周期,采用程序控制和零力矩点(Zero Moment Point,ZMP)控制相结合的控制方法,程序控制用了下肢各关节的运动协调;ZMP 控制躯体两个自由度,实现机构侧向和前向 ZMP 的补偿控制.

(3) WL-9DR   1981 年研制,共 10 个自由度,把一个步行周期分为单脚支撑相和转换相,采用预先设计的步态轨迹的程序控制方法,实现每步 10 s,步长 15 cm 的准动态步行.

(4) WL-10RD   1984 年研制,共 12 个自由度,在以前研究的基础上,增加了踝关节力矩控制,一个步行周期分为单脚支撑相和转换相,在单脚支撑相采用预设步态的程序控制,转换相中采用序列控制方式,将其分为 4 个子相分别设计控制律,踝关节采用力位混合控制,由脚底微动开关及踝关节电位器信号触动. 实验中实现了稳定的动态步行,每步周期 1.5 s,步长 40 cm.

(5) WL-12R   1987 年研制,共有 8 个自由度:双腿 6 个自由度均为前向关节,躯体有前向和侧向两个关节. 用过躯体运动补偿下肢运动从而确保运动轨迹的运动综合设计方法,实现了平地步行周期

1.3 s,步长 30 cm 的动态步行,在 10 kgf 外力作用下,实现了每步 1.3 s的动态步行.

(6) WL–RV 1992 年研制,采用带高增益的局部关节位置反馈控制. 由于不具有改变关节刚度的能力,未能有效地减小冲击对平稳行走的影响.

(7) WL–RH 1993 年研制,采用基于 ZMP 稳定规则的带上体补偿型的双足机器人学习控制策略,首先根据地面条件规划出下肢的运动轨迹,然后预定设定 ZMP 轨迹,使其位于稳定的支撑平面内,通过计算得到上体的补偿量后,重新修正 ZMP 轨迹,用程序控制实现实际动态行走.

(8) WL–13 1997 年研制,受人类行走运动的启发,Yamaguchi 等人研制出直线型非线性弹簧机械 WAK–1. WL–13 机器人利用 WAK–1模拟肌肉的非线性弹簧特性,实现关节的刚度改变,实现了步长 0.1 m,每步 7.68 s 的准动态步行.

(9) WL–14 1998 年研制,髋关节通过非线性弹簧机构由 2 个交流伺服电机驱动. 髋关节采用了反驱动的结构,以减小下肢的惯量. 其脚部采用的 WAF–3R 系统具有检测和补偿模型偏差的作用. 采用的控制规则有:a. 基于模型的行走控制(ZMP 和偏转轴力矩控制);b. 使用补偿模型偏差的鲁棒控制;c. 模型偏差补偿控制;d. ZMP和偏转轴的实时控制.

(10) WABIAN 1999 年研制,完全是人形结构,属完全仿人形机器人,高 1 662 mm,重 107 kg,共 43 个自由度,能以人的步行速度前进和后退,具有视听和交流对话能力,除电源外,控制装置全部置于机器人身上,脸部能够表达各种表情,具有配合这些表情而规划的行走步态. 行走控制方法除增加上肢的运动外,和 WL–12、WL–13 一样,均采用协调控制综合方法. 该机器人的研究目标是让仿人形机器人具有:类人的结构、类人的功能、类人的行为模式和类人的思想. 目前的研究着重于:应用视觉、听觉和触觉与人进行情感交流.

  2. 日本本田公司仿人形机器人研究[2,12-14]

　　本田公司从 1986 年开始秘密研制仿人形机器人. 从 1986 年至 1993 年先后研制了 E 系列(Experimental Model)试验样机 E0～E6, 研究成功由(1) 地面反力控制;(2) 目标 ZMP 控制;(3) 摆动腿落地位置控制组成的步行稳定控制技术. 1993 年至 1997 年进行完全自主型仿人形机器人原型样机的研究,研制了 P 系列(Prototype Model)的样机 P1、P2 和 P3. 1996 年 12 月公开展示世界上第一台自主型仿人形机器人 P2,高 1 820 mm,重 210 kg,30 个自由度,自带电源,无线遥控,彻底摆脱外接引线,实现速度达 3 km/h 的动态行走,能够上下楼梯和推运物体等. P2 的诞生被誉为当今机器人领域的最大发明,现在他们最新型号的仿人形机器人是 ASIMO(Advanced Step in Innovative MObility),26 个自由度,高 120 cm,重 42 kg,实现与互联网无线互联,增加了语音识别功能,具有听说看的能力,实时识别别人的姿态与运动,并进行交互. 由于采用了新开发的双足步行技术"i-WALK(Intelligent Realtime Flexible Walking)",具有预测运动控制功能,可以更加自由地步行,步行动作也更为连续流畅. 本田公司计划在今年对外提供出租服务,可应用在公共场所、科学馆等场合进行各种宣传活动.

　　3. 日本 HRP 项目(Humanoid Robot Project)[15-19]

　　日本通产省工业技术研究院在 1998 年启动了为期 5 年的"与人协调共存的仿人形机器人系统"国家级研究项目(HRP 项目). 主要由川田工业株式会社设计制作的 HRP - 2 仿人形机器人,高 154 cm,重 58 kg,具有 30 个自由度,并采用了对人柔和性的优化设计,实现了不平地面行走,翻倒控制与翻倒回复技术. 相对于本田的 ASIMO, HRP - 2 由于增加了 2 个自由度的腰部关节,其上体动作更灵活. 其腕部有 6 个自由度,比 ASIMO 多一个,体积重量比相对 ASIMO 轻 35%,高密度电源系统的实现使 HRP - 2 从外观上已经见不到电池背包了,比其他仿人形机器人更加"类人型". 目前 HRP 项目更致力于推广应用研究,已经实现了仿人形机器人与人协作抬桌子,开铲车和进行工作间隔板的装配等操作应用.

4. 日本东京大学 JSK 实验室仿人形机器人研究[20]

日本东京大学 Jouhou System Kougaka 实验室先后研制出 H5、H6、H7 系列仿人形双足步行机器人. H5 仿人形机器人共有 30 个自由度,在其步态规划中充分考虑了动态平衡条件,分两个阶段实现行走运动. 第一阶段首先在他们自行开发的动态仿真软件上采用遗传算法等实现基本的保持动态稳定性的运动;第二阶段在未破坏动态平衡的条件下将第一阶段的规划运动在不同步态参数下利用视觉器信息进行实时线性组合以获得步态和 ZMP 轨迹参数. 2000 年 6 月研制出 H6 仿人形机器人共有 35 个自由度,高 1 370 mm,宽 590 mm,重 55 kg,采用无线以太网接入网络,完全自主(无外引接线). 目前他们的最新型仿人形机器人 H7 也已经研制成功,它可以动态地产生实时步态,已成功在 Kawada 工业机场进行了户外行走实验.

5. 日本索尼公司仿人形机器人研究[21-24]

2000 年 10 月 Sony 公司首次展示了 4 个仿人形机器人 SDR - 3X (SDR 为 Sony Dream Robot 简称),该机器人共有 24 个自由度,能够像人那样前后行走、转身、起立、单脚支撑,能够踢球和跳舞,并且基本实现了产品化,为仿人形机器人在娱乐领域的应用开创了先河. Sony 在 2002 年又展示了 SDR - 4X,共有 38 个自由度,实现了实时统一适应控制、不平整斜坡步行、外力搅动下的姿态保持. SDR 系列机器人的推出使 SONY 公司在仿人形机器人领域跻身于世界前列. 2003 年 9 月,Sony 再推出 QRIO 仿人形机器人,能够与人进行动作、语言交互,由于采用了将电机和控制电路一体化的智能驱动器以及机器人空中姿势的控制算法,使机器人动作更为流畅、自然,成为世界首台会跑、跳的双足机器人. QRIO 甚至在摔倒以后,还可以自己爬起来.

6. 法国 BIP 计划[25,26]

该计划是由法国 de Mecanique des Soloders de Poitiers 实验室和 INRIA 机构共同开发一种具有 15 个自由度的能够适应未知外界条件的步行机器人系统. 为了使控制系统设计简化,他们采用了复杂系统控制中广泛被采用的分层递阶控制结构,控制系统中最上层是全局规划层,根据传感器信息和一些初始条件获得一些步态规划用的参数;中间层根据特定的任务进行平滑行走步态的规划;控制层则根据中间层所发出的步态规划的信号生成激励信号;最后一层是所谓的反馈层,用来处理突发事件. 按照这些控制和规划方法可以使双足机器人实现站立、行走、爬坡和上下楼梯等. 其样机"欧洲 2000"已于 2000 年 4 月推出公开展示.

7. 其他仿人形双足步行机器人研究项目

随着仿人形双足步行机器人热的兴起,越来越多的机构与研究人员投入仿人形机器人的研究中,除了上述的项目外,还有其他研究项目[27-33],如:韩国先进科技研究所 Oh Jun-ho 教授的 KHR 系列和HUBO 仿人形机器人,英国的 Shadow 项目,日本东京大学的井上博允教授和稻叶雅幸博士的积木式仿人形机器人系列,日本电子技术实验室 Yasuokuniyoshi 研制的 46 自由度的仿人形机器人 Jack,曾为东京大学制作 H 系列仿人形机器人 Kawada 工业株式会社的ISAMU 项目,Munic 技术大学(TUM)的 Johnie,Tohoku 大学的Saika3,Kitano Symbiotic Systems 的 Pino 与 Morph 仿人形机器人,Osaka 大学的 Strut,MIT 的 M2,瑞士 Chalmors 大学的 Elvis 与ELvira 等,日本 Toyoto 电机公司甚至开发出一种可以载人的双足步行椅,由乘客进行行走控制,上下楼梯,可以作为一种全新的运输载体. 仿人机器的小型化已成为一种发展趋势,目前可称之为小型仿人形仿人双足步行机器人主要有:日本东京 Katsuhisa Ito 建造的SILF‐H1,西澳大利亚大学 Thomas Bramnl 教授的 Johnny Walker与 Jim Beam,英国帝国大学的 FLIP 与 FLOP 等.

8. 其他的双足步行机器人的研究

仿人形机器人是在双足步行机器人的基础上发展起来的,历史上的双足步行机器人的研究成果仍具有重要的借鉴价值,因此本文将对其他的样机做一个简单的介绍.

(1) Kajita[34,35]于 1990 年研制成功一台五连杆平面型双足步行机器人 Meltran-I,提出了轨道能量守恒的概念,成功实现在已知不平整地面上的稳定动态步行. 1996 年他们又增加超声波视觉传感器以实现实时提供地面信息的功能,成功地实现在未知路面上的动态行走.

(2) 日本的 J. Furusho[36-38] 从 1981 年开始先后研制了 Kenkyaku-1,Kenkyaku-2 和 BLR-G2 两个系列机器人,Kenkyaku-1 具有四个前向关节的五连杆平面型步行机,实现了周期 0.45 s,速度 0.8 m/s 的前向稳定动态步行. Kenkyaku-2 增加了两个踝关节,实现了周期 0.7~1.0 s,步长 35~45 cm 的动态步行. BLR-G2 是一个三维空间运动型双足步行机构,共 8 个自由度,有多种传感器. 实现了周期 1.0~1.2 s,步长 35~40 cm 的动态步行.

(3) 郑元芳(Y. F. Zheng)[39,40] 博士在美国克莱姆森大学主持研制了两台步行机器人 SD-1 和 SD-2. SD-1 具有 4 个自由度,SD-2 则有 8 个自由度. 1986 年 SD-2 机器人实现了平地上前进、后退以及左右侧行. 1987 年又实现了动态步行. 郑元芳博士也因他在机器人领域的突出贡献而获得美国 1987 年度"总统青年研究员奖". 1990 年他通过对平地步行运动控制算法的简单修正,实现 SD-2 机器人走斜坡的试验. W. T. Miller 和 H. Benbrahim 等人在 SD-2 机器人的基础上增加了膝关节的 2 个自由度,将 CMAC 神经网络引入到双足步行机器人的实时行走控制中,经过训练后的机器人能够产生具有周期性的稳定步态.

(4) MIT 的 G. A. Partt 和 J. E. Pratt 等人[41,42] 在 Spring Turkey 和 Spring Flamingo 双足机器人的控制中提出了虚模拟控制(Virtual Model Control — VMC)策略. 在步态规划的过程中参考人类行走的被动特性,将一个行走步态周期分为支撑、脚尖立地、摆动和伸直四个阶段,以更有效地利用机械势能使腿被动地完成摆动过程. 在实际行走实验中 Spring Flamingo 实现了在几种已知地面条件下不确定组合情况下的平滑过渡,中间没有出现明显的停顿现象.

(5) 东京大学的 Miura 和 Shimoyama[43] 在 80 年代初研制了 5

种类型的双足步行机器人,它们依次被命名为 BIPER - 1,2,3,4,5.
BIPER - 3 是一个高跷型机器人,脚与地面以点状接触,它既能侧行
也能前进、后退;BIPER - 4 的两条腿具有与人完全相同的自由度. 首
次运用主动平衡控制研究双足步行运动,在试验中得到了一种稳定
步态.

(6) Mita. Yamaguchi[44]在 1984 年研制了一台七连杆平面运动
型双足机构,每只脚底各有 4 个接触传感器. 试验中得到了每步 1 s,
步长 20 cm 的稳定步态.

(7) 美国的 Hodgins 和 Raibert 等人[45,46]1985 年研制了一个用
来进行奔跑运动和表演体操动作的平面型双足步行机器人. 有 3 个
自由度. 1986 年他们用这个机器人进行了奔跑试验,着重研究奔跑
过程中出现的弹射飞行状态. 在实验中,这个机器人的最大速度高达
4.3 m/s. 1988 年和 1990 年他们又用这个机器人进行翻筋斗动作
试验.

(8) T. Fukuda[47]等人于 1996 年建造了拥有 13 自由度的 BLR -
13 机器人,将 ZMP 作为行走稳定性目标,通过降低各关节驱动能量
消耗的总和来产生更为自然的类人步态,实现了步距为 0.3 m,每步
耗时 5 s 的稳定步行.

(9) 加拿大的 Tad. McGeer[48,49]主要研究被动式双足步行机器
人,即在无任何外界输入的情况下,仅靠初始动能或本身势能和惯性
实现步行运动. 1989 年建立了一个平面型双足步行机构,脚掌模式
为一个半弧形结构,两腿为直杆机构,没有膝关节,每条腿上各有一
个电机,控制腿的伸缩(以避免腿摆动时碰撞地面),除此之外,机构
无任何主动控制和能量供给. 从结构上看,它具有二级针摆特征,一
旦放置于斜坡上,给以一定的初始状态,则可以有效地利用重力,实
现一定的接近人类运动的动态步行. 虽然主动和被动双足机器人研
究成果至今很少互相借鉴,但随着电源机载化,对能耗的要求也将越
来越重要,被动式行走的高效性为一般的步行机器人有效的利用重
力及惯性力产生高效灵活的步行运动提供了一个可能的途径.

（10）此外还有许多双足机器人也于近年研制成功[50-54]，如 Illinois 大学的 Bejimeng，Salford 大学的 Salford Lady，德国 Honnover 大学的 BART，荷兰 Delft 技术大学双足实验室的 BAPS，New Hampshire 大学的双足机器人，澳大利亚 Vienna Alexander Vogler 的 V－3 双足步行机器人．

9. 国内研究现状

我国目前也将仿人双足步行机器人列为国家自然科学基金以及 863 计划的重点项目，并予以大力支持，典型的有：

哈尔滨工业大学[61-67]自 1986 年开始研究双足步行机器人，先研制成功静态步行双足机器人 HIT－I，高 110 cm，重 70 kg，有 10 个自由度，实现平地上的前进、左右侧行以及上下楼梯的运动，步幅 45 cm，步速为 10 s/步，后来又相继研制成功了 HIT－II 和 HIT－III，重 42 kg，高 103 cm，有 12 个自由度，实现了步长 24 cm、步速2.3 s/步的步行．目前正在研制的 HIT－IV 机器人，全身可有 52 个自由度，其在运动速度和平衡性方面都优于前三型行走机器人．

国防科技大学[55-60]在 1988 年春成功地研制了一台平面型 6 自由度的双足机器人 KDW－I，它能前进、后退和上下楼梯，最大步幅为 40 cm，步速为 4 s/步，1989 年又研制出空间型 KDW－II，有 10 个自由度，高 69 cm，重 13 kg，实现进退、上下台阶的静态稳定步行以及左右的准动态步行．1990 年在 KDW－II 的平台上增加两个垂直关节，发展成 KDW－III，有 12 个自由度，具备了转弯功能，实现了实验室环境的全方位行走．1995 年实现动态行走，步速 0.8 s/步，步长为 20～22 cm，最大斜坡角度达 13°．2000 年底在 KDW－III 的基础上研制成功我国首台仿人形机器人"先行者"，动态步行，可在小偏差、不确定的环境行走，周期每秒达两步，高 1.4 m，重 20 kg，有头、眼、脖、身躯、双臂、双足，且具备一定的语言功能．

上海交通大学[71,72]于 1999 年研制的仿人形机器人 SFHR，腿部和手臂分别有 12 和 10 个自由度，身体上有 2 个自由度．共有 24 个自由度，实现了周期 3.5 s，步长 10 cm 的步行运动．机器人本体上装有

2 个单轴陀螺和一个三轴倾斜计,用于检测机器人的姿态信息,并配备了富士通公司的主动视觉系统,是研究通用机器人学、多传感器集成以及控制算法良好的实验平台.

北京理工大学在归国博士黄强教授的带领下,高起点地进行仿人形机器人研究[68-70],于 2002 年 12 月通过验收的仿人形机器人 BHR－1,高 158 cm,重 76 kg,32 个自由度,步幅 0.33 m,步速每小时 1 km. 能够根据自身力觉、平衡觉等感知机器人自身的平衡状态和地面高度的变化,实现未知地面的稳定行走和太极拳表演,使中国成为继日本之后,第二个研制出无外接电缆行走,集感知、控制、驱动、电源和机构于一体的高水平仿人形机器人国家.

此外,清华大学正在研制仿人形机器人 THBIP－1[73,74],高 1.7 m,重 130 kg,32 个自由度,在清华大学 985 计划的支持下,项目正在不断取得进展. 南京航空航天大学[75]也曾研制了一台 8 自由度空间型双足步行机器人,实现静态步行功能.

1.3 双足步行的步态规划与步行控制研究

1.3.1 步态规划

合适的步态是机器人实现连续步行运动的基础. 步态规划研究主要有:基于仿生的步态规划,基于分析、构造的步态规划,以及步态优化问题.

1) 基于仿生的步态规划

仿人形双足步行机器人的本来目的就是模仿人类的行走特性,其步态设计借鉴采用人类及双足类动物的仿生步态也是很自然的事. 但是,由于人造的仿人形机器人与自然界的双足系统在结构、运动学、动力学等方面存在很大的差异,将仿生步态直接用于驱动步行机器人是不合适的. 当前基于仿生的步态规划研究主要是针对人的步行运动数据记录(HMCD:Human Motion Captare Data)进行修正,使修正后的步态可用于仿人形机器人. 本田仿人形机器人的研制就是在分析人类下肢在行走时各关节之间的相互抑制、相互协调规律的基础上进行的[13,14]. A. Dasgupta[76]等利用 ZMP 的概念,提出了从 HMCD 获取仿人形机器人可行运动的方法,它分三步进行:(1) 首先利用 VISION－370 系统获取人类步行数据 HMCD;(2) 基于 HMCD 中脚的数据设计理想 ZMP 轨迹;(3) 对所选关节,用周期关节运动进行修正,使 HMCD 与理想 ZMP 匹配. 包志军[72]等利用 HMCD 中的速度信息实现规划仿人形机器人的步行轨迹运动. 纪军红[63]等利用修正 HMCD 实现 HIT－Ⅲ机器人的步态规划. 随着对人类步行机理研究的深入,人类步行数据的更完备,基于 HMCD 的规划设计的步态将会更自然,更类人,将成为仿人双足机器人步态规划的一个重要途径.

2) 基于分析、构造的步态规划

该方法是在满足步行稳定性约束前提下,根据地面环境条件下设定的步行参数和机器人的结构,确定步行过程中机器人各关节的运动轨迹. Hurmuzlu[77,78]等人提出了根据行走的参数即行走速度、步长、最大抬脚高度和支撑腿膝关节的偏移来进行步态合成理论. Chi-long Shih[79]等人针对 12 个自由度的双足机器人提出了前向平面内步态规划问题,根据行走的周期性来确定摆动腿和上体运动规律,由于其杆件坐标系定义的特殊性,因此在求解逆运动学问题的时候变得非常简单. Huang[80]等人分别用三次样条插值和三次周期样条插值来合成摆动腿和髋关节的运动轨迹. 按照 ZMP 稳定性条件反复迭代,获得稳定性高、平滑的步态,方法直观. Fujimoto[81]等人将步态设计问题归纳为确定摆动脚末端运动和机器人质心运动轨迹问题. 双足机器人质心的运动可以同倒立摆运动相似,摆动腿末端运动的轨迹通过一平滑函数来连接前后两个采样时间落地点来实现. J. G. Juang[82]用时间反传学习算法分别训练多层前馈网和模糊神经网络(Neurofuzzy Networks),基于给定的参考轨迹,进行双足机器人的步态合成. Meifen Cao[83]将神经振动器网络用于 8 自由度双足机器人三维空间内关节轨迹生成,网络的连接权限值由平衡法和遗传算法决定. Takanishi[84]等人将 ZMP 稳定性原则应用到步态设计中,但用机器人的上体来进行 ZMP 补偿毕竟是很有限的,并不是所有的 ZMP 轨迹都能够用此方法来实现,另外这种方法可能导致上体运动量的增大. Vakobratovic[85]等人提出协调控制综合法,机器人的 $n-3$ 个自由度按照人类步行记录下来的算法动作,另 3 个自由度作补偿运动,以控制 ZMP 与规划的轨迹一致. J. Yamaguchi[86]等用快速傅里叶变换(FFT)从理想 ZMP 轨迹确定各关节的运动,在仿人形机器人"WABIAN"上实现了稳定动态步行. 此方法利用了步行运动的周期特性,适合于求近似解. K. Nagasaka[87]等提出了基于最优梯度法(Optimal Gradient Method)产生步行模式的方法,并在仿人形机器人"H5"实现了稳定步行.

3) 步态优化

目前步态优化的目标主要有减少步行的能量消耗和提高步行稳定性两类.

(1) 基于减小能耗的优化

仿人双足步行方式除了具备一般的步行方式的优点外,还有用很少的能量输入产生步行运动的潜力有待实现. 伍科布拉托维奇最早从能量观点出发分析步态问题,他得出一个结论[85]:步行姿态越平滑,双足步行系统所消耗的功率就越少. M. Hart[88]等基于完全动力学模型讨论了五连杆双足机构最小能量步态产生问题,指标函数取为输入力矩在单位步行长度上的积分. L. Roussel[89]研究了能量最优完整步态周期的产生问题. 用代价函数定量描述一个步态周期注入机器人的能量,采用分段常数输入,将动态优化问题转化为静态优化问题,此方法求解相对容易,但对模型进行了简化,未考虑各关节间的耦合等因素. Y. Hasegawa[90]等提出了产生步行运动的递阶进化算法,并在一个双足机器人上实现了稳定步行.

由于机器人动力学方程的高度非线性,大多数学者采用数值方法求解步态优化问题,一般用多项式来描述机器人脚和髋关节的笛卡儿空间轨迹或者采用傅立叶级数来估计关节空间内的关节轨迹,然后用非线性寻优算法如遗传算法等来获得优化的步态多项式和傅立叶级数的系数. 如程君实[71]等人利用遗传算法来对 CPG 进行优化来进行模拟人行走的机器人在关节空间内的步态规划;Gonzalo[91]等通过对关节轨迹傅立叶展开将最优轨迹的求解转化为非线性编程问题,最后应用遗传算法得到近优步态. C. Chevallereau[92]认为支撑时的自然轨迹和双支撑时的脉冲力矩所组成的轨迹是能量消耗最优的轨迹,提出了能由有限力矩实现的参考轨迹的平滑变化方法,确定出机器人的中间构型以优化能量指标.

(2) 基于稳定性的优化

步行稳定性是实现连续稳定步行的关键,也有一些学者在步态规划阶段就考虑设计在步行过程稳定性最好的步态. 如 Ching-long. Shih[79]研究 ZMP 点最优的关节轨迹变化的规律,设定整个运动过程中 ZMP 点的坐标 $q = \int_0^T (x_{\text{zmp}}^2 + y_{\text{zmp}}^2)\,\mathrm{d}t$ 为目标函数,是 ZMP 点尽量在脚底支撑面的中心,使稳定裕度最大化.

1.3.2 步行运动控制技术

仿人形机器人双足步行运动控制技术,在前文中已经有所涉及,大体上可以分为下面几种:

(1) ZMP 控制

Vukobratovic[85]根据步行机构的运动特点,提出了零力矩点(Zero Moment Point,ZMP)的概念. ZMP 定义为机器人在步行运动过程中,地面支反力的合力作用点. Takanishi[93]等人的研究借鉴了此方法,在研制 WL 系列双足步行机构时,从 ZMP 出发推导出 ZMP 与机器人上体运动之间关系,通过调节上体的加速度来达到使 ZMP 回到稳定支撑域的目的. Huang[94]等人认为控制 ZMP 在稳定支撑平面内最有效的方法是通过支撑腿踝关节. 本田 K. Hirai[13,14]等人提出了期望 ZMP、实际地面反力的合 ATGRF 和实际地面反力的中心 C-ATGRF 等的概念,本田仿人形机器人 P2 的姿态控制就采用了由地面反力控制、模型 ZMP 控制和脚着地点位置控制的综合 ZMP 控制算法.

（2）倒立摆控制方法

Hemami[95]等利用倒立摆模型研究双足步行系统的控制问题,由牛顿-欧拉方程或拉格朗日方程建立机器人的单脚支撑期的动力学模型,忽略支撑脚,在平衡点处对方程进行解耦、降阶和线性化处理,得到形如 $A = AX + BU$ 的状态方程,最后利用极点配置、最优控制等方法进行控制,使其从一足支撑态过渡到另一足支撑态,从而实现动态步行. KAJITA[96]运用一个理想的简单倒摆模型近似一个质量主要集中在上体的机器人模型,在约束作用下,使倒立摆模型线性化,提出了能量守恒轨道的概念,以求解各关节的运动轨迹和输入力矩.

（3）分级控制

由于仿人形双足步行系统的复杂性,大多数控制系统均采用分层递阶控制策略,最上层为决策层,最下层为局部反馈控制级,其主要思想是将控制系统分为 3 级. 决策级根据任务要求及环境等因素确定机器人运动的主要参数,局部控制级运用局部反馈对机器人各关节进行控制,把整体系统变成一个能为一对闭环主导极点近似的低阶系统,在中间控制级中,对具有该闭环主导极点的二阶系统进行控制. 在局部控制器中常采用的方法是 PID 控制,而中间级的控制算法则多种多样.

（4）神经网络控制

Yuan F. Zheng[97]等提出运用神经网络的双足步行机器人步态综合方法. 运用神经网络代替机器人逆动力学模型,根据已有的知识及传感器信息,用神经网络学习机器人逆动力学模型,并产生机器人运动中各关节所需的合理的控制力矩. W. Thomas Miller III[98]等研究神经网络在线学习双足机器人行走和动态平衡问题. 其方法是先由步态振荡器产生基本步态,再利用神经网络进行补偿. 通过多个

CMAC 神经网络分别对侧向、前向和脚地接触进行适应控制. G. Taga 等提出一种基于神经振荡器的双足步行机器人在未知环境中的自组织运动控制方法,用由神经振荡器(神经元)组成的神经网络利用传感器反馈信息学习机器人逆动力学模型,产生机器人运动所需的控制力矩,以此控制机器人运动.

（5）动量守恒控制

Furusho[100] 等人运用动量守恒的思想研究双足机器人的动态步行运动控制问题,他们以机器人机构整体角动量来作为控制目标量,根据牛顿角动量定理,机器人机构绕支撑脚的踝关节的角动量仅受重力和支撑脚踝关节的外部输入力矩的影响,而与驱动其他各个关节运动的内部力矩无关. 因此通过控制支撑脚的踝关节的输入力矩可以控制机构角动量沿着期望轨迹运动,这一控制方法虽然在控制试验中得到初步验证,但是由于期望的角动量函数的设计范围有限、踝关节的最大输入力矩有限等因素的影响,导致其方案范围有限.

（6）虚模型控制

Jerry Pratt[101] 研究双足行走机器人的虚模型控制方法,应用虚拟构件得到力,作用于真实关节的驱动力矩,就相当于在机器人上连接了一个虚拟的机械构件. 上一级控制系统可以和下一级虚模型控制器一道调整虚构件的参数. 由上一级控制器的离散命令可以得到下级系统的平滑运动,此算法计算简单. 先由前向运动学映射得到两坐标间的关系矩阵,再进行微分得到雅可比矩阵,最后得到驱动力的关系.

（7）顺应阻抗控制

Kawaji[102] 等人将双足机器人的行走看作是有韵律的运动,通过设置支撑腿柔顺系数来调节上体和摆动腿所组成的子系统作用在支撑腿上的力. Keon Young Yi[103] 研究带顺应踝关节的双足行走的控制问题. 样机为 SD-2 机器人,踝关节无驱动,仅由弹簧机构构成,具有顺应性,使脚与地面接触良好. 通过调节臀部关节的位置来解决踝关节无驱动力矩所带来的难题. 刘志远[61]认为双足机器人实现动态行走的关键是单-双脚过渡期和双脚支撑期中的控制. 单-双脚过渡期的控制集中在踝关节的控制,所采用的三种方案依次为:主从控制、最优力反馈控制和阻抗控制. 主从控制是将步态的闭链规划转化为开链规划;最优力反馈控制是直接对地面反力进行控制;阻抗控制通过力矩反馈改变关节阻抗. J. H. Park[104]等人采用了一种简单的阻抗控制方式,摆动腿和支撑腿的阻抗通过下面的方式来进行修改:当检测到摆动腿着地时,控制率使脚部的阻抗比临界值增大 50 倍,而上体的阻抗固定来保证跟踪特性的稳定,这种方法简单有效.

(8) 基于步行机理的控制

Goldberg[105]研究了步行运动中的对称性以及机身运动的对称性和腿部机构的对称之间的关系,在单脚支撑相,对称性的机身运动要求两腿的驱动机能也是对称的;在双脚支撑相中,在没有额外条件约束的情况下,机身的对称性要求腿的驱动机能具有对称性. Raibert[46]等根据步行的对称性及简谐振动原理,通过引入单足步态的概念及虚拟腿的概念,把双足动态步行控制问题归结为单脚步行控制,两脚的步行运动被看作是两个单脚支撑的步行过程的交替切换. 作者将这种单足步态的控制方法用于双足机器人跳越障碍以及空翻运动的控制,取得了良好的效果. Katoh and Mori[106]通过分析 Van der pol 耦合振子的动态特性与步行运动的动态特性之间的相似之处,利用耦合振子的稳定极限环特性,产生具有渐近稳定性的模拟动作轨迹,运用非线性动力学分析方法,确定一组能产生稳定步行的参数值.

(9) 自适应控制算法

Mulder[107]研究了基于知识库的双足步行机器人动态步行控制策略,通过仿真产生一组优化的广义解(又称轮廓),自适应控制模型运用这些轮廓作一般控制(Normal Control),在每个采样周期,运用传感器信息对其实时修正,实施机器人运动的精确控制(Precise Control). 这是一种传感器信息驱动的控制模型,具有简单、快速及自适应等特点,但轮廓的获取、选择及修正存在一定的困难,且对环境的适应性较差.

1.4 本文主要研究内容

根据上海市科技馆机器人展项规划的需求和上海大学"机械电子工程"教育部国家重点学科在特种机器人方面的研究计划,在国家863计划项目"仿人形机器人与娱乐机器人系列可行性论证"和上海市教委发展基金项目"仿人形机器人双足步行步态实用研究"的支持下,对仿人形机器人双足步行技术进行了一些探索. 为了深入地研究仿人形机器人的双足动态步行问题,本文首先从广度上探索了数学模型建模、步态规划等问题,再深入研究了步行稳定性、非时间参考步态规划方法、步行控制策略等方面的问题. 主要研究内容包括以下几个方面:

1. 建立机器人的数学模型

应用旋量方法,将两足步行机构的运动学表示为若干运动螺旋的指数积,得到机器人的三维运动学模型,构造运动学逆解的几何算法,给出空间雅可比矩阵的计算公式. 并应用拉格朗日运动方程,推导机器人的解析形式动力学方程. 并编制相应的计算机符号推理程序. 基于现代 Lie 群分析技术,应用动力学系统的微分方程在无限小变换下的不变性的 Lie 方法,研究两足步行机器人侧向动力学模型的 Lie 对称性及其相应的守恒量.

2. 导出机器人双足步行的稳定性与几何约束条件

针对机器人行走时易倾覆的步行稳定性问题,分别导出反映静态稳定性和动态稳定性的机器人重心和 ZMP 的计算公式,作为评价机器人步行稳定性的基本指标. 通过推导支撑腿踝关节驱动力矩与 ZMP 间的关系,得到关于该力矩的稳定性约束条件. 基于地面支反力中心概念,研究支撑脚与地面间的接触状况. 通过分析支撑脚与地面间的接触面上支反力的分布,获得支撑脚与地面保持全接触的约束条件,并研究脚底板中间开槽与否对脚/地间接触状况的影响. 研究了 ZMP 稳定性条件与全接触条件的差异. 分析了不同受力状况下支撑脚与地面间的接触形态. 由摩擦原理,研究机器人不发生滑移与滑转的充要条件. 基于几何学和步态规划知识,研究机器人上下楼梯时台阶对机器人运动路径的几何约束.

3. 研究包括起步、中步与止步的完整步态规划方法

总结机器人双足步行的常用概念,提出了稳度、稳定角等概念,明确单步与复步的区别,以将仿人形机器人研究中的"步"的概念与日常生活中的"步"统一起来. 为了利用机器人行走中的惯性,按照倒立摆模型的固有轨迹进行机器人的步态规划. 在保证不同阶段步态的平滑联接的情况下,在加速度空间规划起步和止步阶段的前向步态. 根据不同阶段的侧向步态的近似性,采用过渡函数将中步的侧向步态分别转化为起步与止步的侧向步态.

4. 提出非时间参考的步态规划与优化算法

提出非时间参考的步态规划思想,通过引入其他非时间的运动参考量代替时间量,将步态规划问题分解为确定机器人空间运动路径和确定非时间参考量的时间轨迹两个阶段进行:1) 空间运动路径规划阶段,以上体前向运动为非时间参考量,考虑环境约束,设计出无碰撞的机器人运动的几何路径,以确定各个关节间的协调运动关系;2) 确定非时间参考量的时间轨迹规划阶段,先用五次多项式规划上体前向运动轨迹,再根据 ZMP 稳定性约束条件,将步态规划问题转化为有约束的优化问题. 最后利用遗传算法的出色的优化与搜索性能,得到 ZMP 稳定性好的优化步态. 此方法对于机器人要通过障碍或上下楼梯等对机器人运动路径有约束时的步态规划问题有很大优越性.

5. 进行仿人形机器人的虚拟原理样机建模

采用虚拟样机技术便于在各种虚拟环境中模拟机器人的运动,检验步态规划、控制算法的有效性,方便实现系统的优化设计. 本文先在 Pro/E 中建立机器人的三维几何模型,然后导入 ADAMS,并建

立机器人的机械系统虚拟原理样机. 在 Matlab 中进行机器人控制系统设计与仿真,并通过 ADAMS/Controls 接口模块建立起与机械系统虚拟样机间的实时数据通信管道,实现专业级虚拟样机系统的联合仿真.

6. 提出基于调节瞬时步行速度的步行稳定性控制算法

为解决步行控制的复杂性问题,简化控制器的设计,采用分级递解控制结构,协调级进行步行稳定性控制,控制级实现关节轨迹跟踪控制. 针对机器人行走时易于倾覆的稳定性问题,提出基于调节瞬时步行速度的控制策略,在机器人发生前倾或后倾时,通过让机器人整体加速前进或减速运动,使机器人上产生与倾覆方向相反的附加回复力矩. 在机器人发生前倾时,还会使摆动腿提前落地,机器人及时获得新的支撑,保证机器人恢复到稳定步行状态. 根据非时间参考的步态规划方法,在实施步行稳定性控制时,只需对非时间参考量进行调节. 以直观地反映机器人步行稳定状况的上体倾斜状态为输入,应用模糊控制算法,调节非时间参考量的时间轨迹,即以上体前向运动轨迹的修正量为输出,改变机器人的瞬时速度,在线实时修正步态,使机器人在不改变空间运动路径的情况下,实现动态稳定步行. 最后应用仿人形机器人的虚拟原理样机,进行机器人上楼梯的动态稳定行走的综合仿真验证.

第二章 仿人形机器人双足步行机构的数学模型

2.1 前言

仿人形机器人主要由实现双足行走的下肢机构、进行作业操作的上肢机构、安装有各种感知控制系统的上体机构组成. 尽管上肢的摆臂运动以及上体的运动可以在一定程度上协助实现稳定步行,但是上肢和上体的主要功能并不是为了实现行走的,它们一般都有自己的任务. 两足动态稳定步行的实现主要还是依靠下肢行走机构. 将上肢和上体对步行运动的影响综合起来,一般情况下可以用一个上体连杆代替,这时,仿人形机器人两足系统模型就简化了很多,对两足步行的研究更有针对性和方便. 因此,本文主要针对仿人形机器人两足步行机构进行建模.

仿人形机器人两足步行机构是一个复杂的多连杆机构,单脚支撑期的开链构形和双脚支撑期的闭链构形交替出现,是一个内在的不稳定系统,其动力学特性非常复杂,具有多变量、强耦合、非线性和变结构的特点. 为规划其步行运动的步态和进行步行控制研究,必须透彻了解其内在的运动学和动力学特性,为此,本章给出便于进行步态规划和运动控制研究的相关数学模型.

运动学建模的目的是确定机器人各个关节与组成机器人各个刚体之间的运动学关系,是进行步态规划的基础;动力学建模的目的是在运动学建模和步态规划的基础上,研究在仿人形机器人双足行走的过程中各个连杆运动与各个关节驱动力矩之间的作用关系. 另外,通过动力学模型可以对规划的步态进行计算机仿真以确定步态的步行特征以及各驱动关节的力矩与功率,为机器人的机构设计和控制系统的优化设计提供依据.

可以用来描述机器人各连杆的特性参数和相互间的运动关系的数学工具很多,如矢量计算方法,张量计算方法,旋量方法以及各种矩阵方法. 在机器人研究中较常用的方法是 Denavit-Hartenberg 矩阵法[108],通过引入 D-H 规则来确立固结于各连杆上的坐标系(L_i)的位姿,然后构造相邻坐标系间的齐次变换矩阵 A_i^{i+1},但此法需要在每个连杆上建立一个局部连杆坐标系,D-H 参数的确定也比较繁琐.

应用旋量方法,开链机器人的运动学可以表示为若干运动螺旋的指数积. 旋量指数积方法[109]的最有吸引力的特点之一就是它只用两个坐标系:基础坐标系(s)和工具坐标系(t). 给定(s)和(t)时,与机器人各关节相对应的运动螺旋坐标提供了机器人运动学的完整参数. 几乎在所有的情况下可以很容易通过写出各关节轴线的方向(例如对于转动关节,在各关节轴线上取一点)来直接构造关节运动螺旋. 指数积公式能精确处理逆运动学问题的多解性,且易于对运动学方程进行微分以得到雅可比矩阵,雅可比矩阵的列可理解为机器人的运动螺旋轴. 同时这种方法也易从几何上反映机器人的奇异性. 本章将基于旋量理论和指数积公式建立仿人形机器人两足行走系统的运动学和动力学模型.

动力学系统的守恒量不仅具有数学重要性,而且揭示了深刻的物理规律. 本文基于现代 Lie 群分析技术,研究仿人形机器人侧向动力学模型的 Lie 对称性及其相应的守恒量.

2.2　运动学模型

机器人运动学、动力学及其控制,实质上就是研究刚体的运动问题. Chasles 已证明:刚体从一个位置到另一个位置的运动可通过绕某一直线的转动加上沿平行于该直线的移动得到. 这种组合运动被称为螺旋运动,螺旋运动的无穷小量称为运动螺旋. Poinsot 发现,作用在刚体上的任何力系总可以合成为一个作用于某直线的集中力和绕该直线的力矩,这种力和力矩的组合被称为力螺旋. 力螺旋与运动螺旋存在对偶关系.

用旋量、运动螺旋和力螺旋描述刚体运动问题有两个优点:第一,可以从整体上描述刚体的运动,这样可以避免用局部坐标系描述所造成的奇异性问题,如用欧拉角来描述旋转时这种奇异性就不可避免;第二,旋量理论可以对刚体运动进行几何描述,从而可以大大简化对机构的分析,并提供了多链机器人的结构化参数表示方法.

双足步行系统的运动学建模就是确定机器人各个关节与组成机器人各个连杆之间的运动学关系. 这个问题分为两个方面:一是运动学正解问题,给定机器人各个连杆的几何参数和关节运动情况,确定机器人各个部分相对参考坐标系的位姿;另一个是运动学逆解问题,给定机器人各部分相对参考坐标系的位姿,确定机器人各个关节的运动情况.

2.2.1 正运动学

为了统一描述,规定仿人形机器人的前进方向为前向平面,垂直于前进方向为侧向平面,如图 2.1 所示. 仿人形机器人的双足步行系统是一个三维机构,它的前向和侧向平面的自由度相互耦合,导致在动力学求解和模型分析困难. 在两足步行研究的初始阶段,人们主要从事前向平面的二维模型的研究,即使是三维模型的研究,也是基于下述的几种假设:(1)假设前向和侧向自由度互不影响,把三维的动力学模型进行平面化,分别针对机器人的前向和侧向的平面模型进行运动学和动力学分析研究;(2)假设摆动腿的运动能够保证侧向平面始终保持稳定,不会发生侧向倾覆,即用摆动腿的运动补偿侧向由于支撑点偏离重心而造成的侧向倾覆力矩,在此情况下讨论前向平面的稳定性. 针对上述模型的不足,本文借助自动符号推理技术和计算机技术的发展,获得完整的闭式的三维运动学和动力学模型,为后文的进一步的分析研究打下基础.

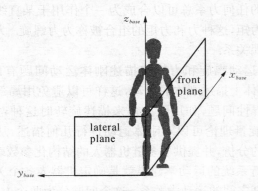

图 2.1   机器人行走空间

为了便于在人类的生活空间内与人友好地活动,本文研究的仿人形机器人 SHUR,其双足步行系统的结构参数如连杆尺寸、自由度分配和关节角变化范围都与成年人类似. 机器人的下肢机构共有 12 个自由度:踝关节有前向和侧向两个自由度,膝关节只有一个前向自由度,髋关节处有前向、侧向和纵向三个自由度. 其中,纵向自由度主要用于机器人的转身运动. SHUR 机器人的详细结构和几何参数见表 2.1.

表 2.1   SHUR 机器人结构参数

名称	质量 (kg)	$I_{xx}(\text{kg} \cdot \text{m}^2)$	$I_{yy}(\text{kg} \cdot \text{m}^2)$	$I_{zz}(\text{kg} \cdot \text{m}^2)$	尺寸规格(m)
脚	1.17	0.001 248	0.005 130 94	0.005 130 94	$L_f = 0.215$ $w_f = 0.08$ $h_f = 0.08$
小腿	2.79	0.038 137 8	0.038 137 8	0.001 875 5	$L_s = 0.4$
大腿	5.94	0.068 644 1	0.068 644 1	0.008 984 25	$L_t = 0.36$
上体	40.2	3.138 95	2.936 28	0.526 955	$w_b = 0.22$ $h_b = 0.91$

不失一般性,本文以左脚支撑,右脚摆动为例,应用旋量理论建立机器人双足行走系统的运动学模型. 如图 2.2 所示,基坐标系(s)为惯性坐标系,其原点位于地面上左踝关节的投影处. 在腰部建立上体坐标系(w),在右脚的脚底建立末端坐标系即右脚坐标系(rf).

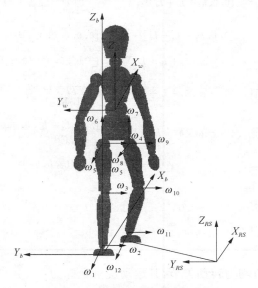

图 2.2 机器人螺旋坐标系设置

以双腿并立时的位形为 $\theta = 0$ 的参考位形,各关节旋转轴矢量 ω_i 如图 2.2 所示,具体取值见表 2.2. 旋转轴上一点 q_i 的取值参见表 2.2.

表 2.2 运动旋量取值表

编号	旋转轴 ω_i	旋转轴上一点 q_i	运动旋量 ξ_i	变量 θ_i
1	$[-1, 0, 0]^T$	$[0, 0, h_f]^T$	$[0, -h_f, 0, -1, 0, 0]^T$	θ_1
2	$[0, -1, 0]^T$	$[0, 0, h_f]$	$[h_f, 0, 0, 0, -1, 0]^T$	θ_2
3	$[0, -1, 0]^T$	$[0, 0, h_f + L_s]^T$	$[h_f + L_s, 0, 0, 0, -1, 0]^T$	θ_3
4	$[0, -1, 0]^T$	$[0, 0, h_f + L_s + L_t]^T$	$[h_f + L_s + L_t, 0, 0, 0, -1, 0]^T$	θ_4

编号	旋转轴 ω_i	旋转轴上一点 q_i	运动旋量 ξ_i	变量 θ_i
5	$[-1, 0, 0]^T$	$[0, 0, h_f + L_s + L_t]^T$	$[0, -h_f - L_s - L_t, 0,$ $-1, 0, 0]^T$	θ_5
6	$[0, 0, 1]^T$	$[0, 0, h_f + L_s + L_t]^T$	$[0, 0, 0, 0, 0, 1]^T$	θ_6
7	$[0, 0, 1]^T$	$[0, -w_h, h_f + L_s + L_t]^T$	$[-w_h, 0, 0, 0, 0, 1]^T$	θ_7
8	$[-1, 0, 0]^T$	$[0, -w_h, h_f + L_s + L_t]^T$	$[0, -h_f - L_s - L_t, -w_h,$ $-1, 0, 0]^T$	θ_8
9	$[0, -1, 0]^T$	$[0, -w_h, h_f + L_s + L_t]^T$	$[h_f + L_s + L_t, 0, 0, 0,$ $-1, 0]^T$	θ_9
10	$[0, -1, 0]^T$	$[0, -w_h, h_f + L_s]^T$	$[h_f + L_s, 0, 0, 0,$ $-1, 0]^T$	θ_{10}
11	$[0, -1, 0]^T$	$[0, -w_h, h_f]^T$	$[h_f, 0, 0, 0, -1, 0]^T$	θ_{11}
12	$[-1, 0, 0]^T$	$[0, -w_h, h_f]^T$	$[0, -h_f, -w_h, -1, 0, 0]^T$	θ_{12}

各个关节均为转动关节，其运动旋量坐标为：

$$\xi_i = \begin{bmatrix} -\omega_i \times q_i \\ \omega_i \end{bmatrix} = \begin{bmatrix} v_i \\ \omega_i \end{bmatrix}. \qquad (2.2.1)$$

计算结果见表 2.2.

$\theta = 0$ 时，上体坐标系相对基坐标系的参考位形为：

$$g_{sw}(0) = \begin{bmatrix} I & \begin{bmatrix} 0 \\ -w_h/2 \\ h_f + l_s + l_t \end{bmatrix} \\ 0 & 1 \end{bmatrix}. \qquad (2.2.2)$$

$\theta = 0$ 时，右脚坐标系相对基坐标系的参考位形为：

$$g_{srf}(0) = \begin{bmatrix} I & \begin{bmatrix} 0 \\ -w_h \\ 0 \\ 1 \end{bmatrix} \\ 0 & \end{bmatrix} \qquad (2.2.3)$$

机器人的正运动学可用以下的指数积公式描述：

$$g_{st}(\theta) = g_{sl_1}(\theta_1) g_{l_1 l_2}(\theta_2) \cdots g_{l_{n-1} l_n}(\theta_n) g_{l_n t}$$

$$= e^{\hat{\xi}_1 \theta_1} e^{\hat{\xi}_2 \theta_2} \cdots e^{\hat{\xi}_n \theta_n} g_{st}(0) = \begin{bmatrix} R(\theta) & P(\theta) \\ 0 & 1 \end{bmatrix} \qquad (2.2.4)$$

式中，$e^{\hat{\xi}_i \theta_i}$ 为 i 关节的运动旋量指数变换，对于旋转关节：

$$e^{\hat{\xi}_n \theta_i} = \begin{bmatrix} e^{\hat{\omega}_i \theta_i} & (I - e^{\hat{\omega}_i \theta_i}) q_i \\ 0 & 1 \end{bmatrix} \qquad (2.2.5)$$

其中，$e^{\hat{\omega}_i \theta_i}$ 为旋转的指数变换.

根据 Rodrigues 公式有：

$$e^{\hat{\omega} \theta} = I + \hat{\omega} \sin\theta + \hat{\omega}^2 (1 - \cos\theta)$$

$$= \begin{bmatrix} \omega_1^2 v_\theta + c_\theta & \omega_1 \omega_2 v_\theta - \omega_3 s_\theta & \omega_1 \omega_3 v_\theta + \omega_2 s_\theta \\ \omega_1 \omega_2 v_\theta + \omega_3 s_\theta & \omega_2^2 v_\theta + c_\theta & \omega_2 \omega_3 v_\theta - \omega_1 s_\theta \\ \omega_1 \omega_3 v_\theta - \omega_2 s_\theta & \omega_2 \omega_3 v_\theta + \omega_1 s_\theta & \omega_3^2 v_\theta + c_\theta \end{bmatrix} \qquad (2.2.6)$$

式中 $v_\theta = 1 - \cos\theta$，$c_\theta = \cos\theta$，$s_\theta = \sin\theta$.

将机器人的结构参数代入指数积公式，即可得到上体坐标系相对基坐标系的位形为：

$$g_{sw}(\theta) = e^{\hat{\xi}_1 \theta_1} e^{\hat{\xi}_2 \theta_2} \cdots e^{\hat{\xi}_6 \theta_6} g_{sw}(0)$$

$$= \begin{bmatrix} R_w(0) & P_w(\theta) \\ 0 & 1 \end{bmatrix} \qquad (2.2.7)$$

右脚坐标系相对基坐标系的位形为：

$$g_{srf}(\theta) = e^{\hat{\xi}_1\theta_1} e^{\hat{\xi}_2\theta_2} \cdots e^{\hat{\xi}_{12}\theta_{12}} g_{srf}(0)$$

$$= \begin{bmatrix} R_{rf}(0) & P_{rf}(\theta) \\ 0 & 1 \end{bmatrix} \tag{2.2.8}$$

2.2.2 逆运动学

机器人的逆运动学是指给定运动学正解映射 $g_{st}:Q \rightarrow SE(3)$ 和一个期望的位姿 $g_d \in SE(3)$，通过求解 $g_{st}(\theta) = g_d$ 来获得 $\theta \in Q$. 对于这个问题可能有多解、唯一解和无解. 机器人的逆运动学问题可以描述为给定上体或摆动腿的期望位姿，求解使机器人满足此位姿的各关节转角问题.

在求解运动学逆解时，首先要将问题细分为几个逆解子问题，每个子问题可能无解、有一个解或多个解，这与末端执行器的给定位置有关. 如果该位形超出机器人的工作空间，那么肯定无解，且至少有一个子问题无解. 当位形处于工作空间内，且有多组关节转角对应于末端执行器的同一个位置映射，此时即出现多解. 如果某个子问题有多个解，那么整个求解过程应考虑到此子问题的每一个解的情况.

利用运动学正解映射的指数积公式可以构造运动学逆解问题的几何算法.

在进行机器人步态规划时，最常用的方式是分别规划出腰部和摆动脚的运动轨迹，支撑脚保持不动. 因此，可以将 12 自由度的冗余机器人的逆运动学问题分解为 2 个 6 自由度开链机构的逆运动学问题：(1) 根据腰部上体坐标系(w)相对基坐标系(s)的位姿求解出支撑腿的 6 个关节转角；(2) 根据摆动腿末端坐标系(rf)相对腰部上体坐标系(w)的位姿求解出摆动腿的 6 个关节转角.

这两个逆运动学问题的求解过程和方法是一致的，此处给出(1)的具体求解过程，对(2)的解法不再赘述.

不失一般性，假定左腿为支撑腿，其髋关节的 ω_4、ω_5、ω_6 关节轴相交于一点 $p_{hip} = [0, 0, h_f + l_s + l_t, 1]$，踝关节的 ω_1、ω_2 关节轴相

交于一点 $p_{ankle} = [0, 0, h_f, 1]$ 此结构简化了运动学逆解.

$$g_{sw}(\theta) = \mathrm{e}^{\hat{\xi}_1 \theta_1} \mathrm{e}^{\hat{\xi}_2 \theta_2} \cdots \mathrm{e}^{\hat{\xi}_6 \theta_6} g_{sw}(0) = g_d \qquad (2.2.9)$$

其中 g_d 是上体的期望位形. 上式右乘 $g_{sw}^{-1}(0)$ 得指数映射：

$$\mathrm{e}^{\hat{\xi}_1 \theta_1} \mathrm{e}^{\hat{\xi}_2 \theta_2} \cdots \mathrm{e}^{\hat{\xi}_6 \theta_6} = g_d g_{sw}^{-1}(0) =: g_1 \qquad (2.2.10)$$

下面分 4 步来解出关节变量 $\theta = [\theta_1, \theta_2, \theta_3, \theta_4, \theta_5, \theta_6]$

（1）将上式两边用于关节轴交点 p_{hip}，得：

$$\mathrm{e}^{\hat{\xi}_1 \theta_1} \mathrm{e}^{\hat{\xi}_2 \theta_2} \mathrm{e}^{\hat{\xi}_3 \theta_3} p_{hip} = g_1 p_{hip} \qquad (2.2.11)$$

从上式两边减去踝关节两关节轴交点 p_{ankle}，

$$\mathrm{e}^{\hat{\xi}_1 \theta_1} \mathrm{e}^{\hat{\xi}_2 \theta_2} \mathrm{e}^{\hat{\xi}_3 \theta_3} p_{hip} - p_{ankle} = \mathrm{e}^{\hat{\xi}_1 \theta_1} \mathrm{e}^{\hat{\xi}_2 \theta_2} (\mathrm{e}^{\hat{\xi}_3 \theta_3} p_{hip} - p_{ankle})$$

$$= g_1 p_{hip} - p_{ankle} \qquad (2.2.12)$$

取两边的范数得：

$$\| \mathrm{e}^{\hat{\xi}_3 \theta_3} p_{hip} - p_{ankle} \| = \| g_1 p_{hip} - p_{ankle} \| \qquad (2.2.13)$$

上式符合 Paden-Kahan 子问题 3（将一点 p 绕轴 ξ 旋转至该点与点 q 的距离为 δ）的形式，其中 $p = p_{hip}$，$q = p_{ankle}$，$\delta = \| g_1 p_{hip} - p_{ankle} \|$，由 Paden-Kahan 子问题 3 的解法可解出 θ_3.

（2）因 θ_3 已解出，式(2.2.11)变为：

$$\mathrm{e}^{\hat{\xi}_1 \theta_1} \mathrm{e}^{\hat{\xi}_2 \theta_2} (\mathrm{e}^{\hat{\xi}_3 \theta_3} p_{hip}) = g_1 p_{hip} \qquad (2.2.14)$$

应用 Paden-Kahan 子问题 2（将一点 p 先绕 ξ_2 旋转 θ_2 再绕轴 ξ_1 旋转 θ_1，p 的最后位置与点 q 重合）的解法，其中 $p = (\mathrm{e}^{\hat{\xi}_3 \theta_3} p_{hip})$，$q = g_1 p_{hip}$，可解出 θ_1、θ_2.

（3）将运动方程改写为：

$$\mathrm{e}^{\hat{\xi}_4 \theta_4} \mathrm{e}^{\hat{\xi}_5 \theta_5} \mathrm{e}^{\hat{\xi}_6 \theta_6} = \mathrm{e}^{-\hat{\xi}_1 \theta_1} \mathrm{e}^{-\hat{\xi}_2 \theta_2} \mathrm{e}^{-\hat{\xi}_3 \theta_3} g_d g_{sw}^{-1}(0) = g_2 \quad (2.2.15)$$

将上式两边用于在 ω_6 上但不在 ω_4、ω_5 上一点 $p = p_{hip} + \omega_6$，得：

$$e^{\hat{\xi}_4\theta_4}e^{\hat{\xi}_5\theta_5}p = g_2 p \qquad (2.2.16)$$

应用 Paden-Kahan 子问题 2 可解出 θ_4、θ_5.

(4) 将运动方程重新整理,并将两边作用于 ω_6 轴外一点 $p = p_{hip} + \omega_5$

$$e^{\hat{\xi}_6\theta_6}p = e^{-\hat{\xi}_5\theta_5}e^{-\hat{\xi}_4\theta_4}\cdots e^{-\hat{\xi}_1\theta_1}g_d g_{st}^{-1}(0)p = q \qquad (2.2.17)$$

应用 Paden-Kahan 子问题 1(将一点 p 绕 ξ 旋转至与第二点 q 重合) 可解出 θ_1.

至此,已解出全部的关节变量 $\theta = [\theta_1, \theta_2, \theta_3, \theta_4, \theta_5, \theta_6]$. 因为 Paden-Kahan 子问题 2 和 3 最多均有二组解,所以此逆运动学问题可能有 8 组解. 实际求解中,可以通过增加约束,如要求关节轨迹连续光滑和限制关节转角范围,以获得唯一的一组解.

2.2.3 雅可比矩阵

雅可比矩阵研究机器人各关节变量与机器人末端位姿的微分关系,与速度控制密切相关,并可以用来建立末端执行器的力螺旋与关节力矩的关系.

利用指数积公式,用运动螺旋来表达运动学正解映射的雅可比矩阵,可获得机器人雅可比矩阵的自然而清晰的描述,并能突出机构的几何特征,同时又避免了局部参数表示的不足.

末端执行器的空间瞬时速度可用空间雅可比矩阵 $\boldsymbol{J}_{st}^s(\boldsymbol{\theta})$ 和关节速度向量 $\dot{\boldsymbol{\theta}}$ 表示:

$$\hat{V}_{st}^s = \boldsymbol{J}_{st}^s(\boldsymbol{\theta})\dot{\boldsymbol{\theta}} \qquad (2.2.18)$$

式中 $\boldsymbol{J}_{st}^s(\boldsymbol{\theta}) = [\xi_1'\xi_2'\cdots\xi_n']$,$\xi_i' = \boldsymbol{Ad}(e^{\hat{\xi}_1\theta_1}\cdots e^{\hat{\xi}_{i-1}\theta_{i-1}})\hat{\xi}_i$,对于给定的两坐标系之间的变换 g,其伴随矩阵:

$$\boldsymbol{Ad}_g = \begin{bmatrix} R & \hat{p}R \\ 0 & R \end{bmatrix} \qquad (2.2.19)$$

它是将速度运动旋量从物体坐标变换到空间坐标的 6×6 矩阵.

$J_{st}^s(\boldsymbol{\theta})$ 是一个依赖于位形的矩阵,它将关节速度映射为末端执行器的速度. 雅可比矩阵的第 i 列,对应于经刚体变换 $\exp(\hat{\xi}_1\theta_1)\cdots\exp(\hat{\xi}_{i-1}\theta_{i-1})$ 的第 i 个关节的运动螺旋 ξ_i. 空间雅可比矩阵的第 i 列就是变换到机器人当前位形的第 i 个关节的运动螺旋. 这个很有用的结构特性意味着"通过观察"就可以计算 $J_{st}^s(\boldsymbol{\theta})$.

机器人的物体雅可比矩阵 J_{st}^b 满足如下关系:$\hat{V}_{st}^b = J_{st}^b(\boldsymbol{\theta})\dot{\boldsymbol{\theta}}$. 空间雅可比矩阵与物体雅可比矩阵之间的关系可以用一个伴随矩阵来描述:

$$J_{st}^s(\boldsymbol{\theta}) = Ad_{g_{st}(\boldsymbol{\theta})} J_{st}^b(\boldsymbol{\theta}) \tag{2.2.20}$$

关节速度与末端执行器之间的速度关系可用于控制机器人的末端执行器由一个位形到另一个位形,而无需进行运动学逆解的计算.

由于力螺旋与运动螺旋的对偶关系,机器人雅可比矩阵可用来描述作用在末端执行器上的力螺旋与各关节力矩之间的关系,这是通过关节力控制实现机器人与周围环境相互作用的基本关系.

$$\tau = (J_{st}^b)^\mathrm{T} F_t^b = (J_{st}^s)^\mathrm{T} F_t^s \tag{2.2.21}$$

式中,τ 为关节力矩,F_t^b、F_t^s 分别为在物体坐标系和空间坐标系中表示的力螺旋.

应用上述公式和指数积运动学正解公式,可以计算得到上体坐标系(w)相对基坐标系(s)的雅可比矩阵:

$$
\begin{pmatrix}
0 & C_1 h_f & C_1 h_f + C_2 L_s & C_1 h_f + C_2 L_s + C_{23} L_t & & h_f S_1 S_{234} \\
-h_f & 0 & L_s S_1 S_2 & S_1(L_s S_2 + L_t S_{23}) & \frac{1}{2}(-2C_{234} h_f - C_{134} L_s - C_{n3n4} L_s - C_{14} L_t - C_{n4} L_t) \\
0 & 0 & C_1 L_s S_2 & C_1(L_s S_2 + L_t S_{23}) & & (C_{34} L_s + C_4 L_t) S_1 \\
-1 & 0 & 0 & 0 & & -C_{234} \\
0 & -C_1 & -C_1 & -C_1 & & -S_1 S_{234} \\
0 & S_1 & S_1 & S_1 & & -C_1 S_{234}
\end{pmatrix}
$$

$$
\left.
\begin{aligned}
& C_4 C_5 h_f S_1 S_2 S_3 + C_3 C_5 h_f S_1 S_2 S_4 - C_1 h_f S_5 + L_t S_2 S_3 S_5 - C_2(-C_5 h_f S_1 S_3 S_4 \\
& \quad + L_s S_5 + C_3(C_4 C_5 h_f S_1 + L_t S_5)) \\
& -C_2 C_4 C_5 h_f S_3 + C_5 h_f S_2 S_3 S_4 - C_1 C_5(C_4 L_s S_3 + L_t S_4) - L_s S_1 S_2 S_5 - C_2 L_t S_1 S_3 S_5 \\
& \quad -C_3(C_4 C_5 h_f S_2 + C_2 C_5 h_f S_4 + C_1 C_5 L_s S_4 + L_t S_1 S_2 S_5) \\
& \qquad C_4 C_5 L_s S_1 S_3 + C_5(C_3 L_s + L_t) S_1 S_4 - C_1 S_5(L_s S_2 + L_t S_{23}) \\
& \qquad\qquad -C_5 S_{234} \\
& \qquad\qquad C_5 C_{234} S_1 + C_1 S_5 \\
& \qquad\qquad C_1 C_5 C_{234} - S_1 S_5
\end{aligned}
\right\}
\qquad (2.2.22)
$$

2.3 动力学模型

机器人动力学建模就是已知系统必要的运动,通过运动学模型,计算与已知运动有关的运动链各连杆的位移、速度和加速度,建立机器人运动过程中各连杆之间的相互作用,确定各关节的驱动力矩或反力,这是进行运动控制系统设计和分析的依据.

仿人形机器人两足步行运动的一个步行周期一般包括单脚支撑期和双脚支撑期两部分. 为了便于统一描述建模算法,假设把双足支撑期的闭链结构中的一条腿作为摆动腿,其足端所受的地面反力作为摆动腿末端受到的外力作用,则双足支撑闭链结构可以看做是末端受外力作用的单足支撑开链结构的特殊情形. 因此,在考虑外力作用的情况下,可以只对单脚支撑的开链结构建立统一的动力学模型.

仿人形机器人双足步行系统由多个关节和连杆组成,各个关节之间有很强的耦合关系,是一个多输入多输出的高度非线性系统,基于建模的困难,一般都进行某种程度的简化,有的将前向和侧向平面分别建模,有的将模型简化为倒立摆形式,这种近似使分析变得简单,但反过来却不能充分的研究整个系统的动力学. 也有许多学者采用递归形式的 Newton-Euler 动力学方程来获得迭代形式的解,但迭代形式的解,不利于对系统特性作进一步的分析和进行控制系统的设计. 建立机械系统的动力学方程有许多方法. 但各种方法所建立的方程都是等价的,只是方程形式不同,从而在计算或分析方面存在差异. 本文采用拉格朗日方法来推导动力学公式,也即依据机械系统的能量来建立运动方程,在动力学推导过程中,采用运动螺旋来表示机器人的运动学,所得方程具有解析解,可以对系统特性作进一步的分析.

为建立运动方程,将系统动能与势能之差定义为拉格朗日函数即:

$$L(\boldsymbol{q},\ \dot{\boldsymbol{q}}) = T(\boldsymbol{q},\ \dot{\boldsymbol{q}}) - V(\boldsymbol{q}) \tag{2.3.1}$$

式中,T、V 分别是以广义坐标表示的系统动能和势能,$\boldsymbol{q}$ 为系统广义坐标向量.

拉格朗日运动方程为

$$\frac{\mathrm{d}}{\mathrm{d}t}\frac{\partial L}{\partial \dot{\boldsymbol{q}}} - \frac{\partial L}{\partial \boldsymbol{q}} = \boldsymbol{r} \tag{2.3.2}$$

式中,$\boldsymbol{r}$ 是作用在广义坐标上的广义力向量.

建立一个固连于第 i 连杆质心的坐标系(L_i),则(L_i)相对于机器人基坐标系(s)的位形为:

$$g_{sl_i}(\boldsymbol{\theta}) = \mathrm{e}^{\hat{\boldsymbol{\xi}}_1\theta_1}\cdots\mathrm{e}^{\hat{\boldsymbol{\xi}}_i\theta_i}g_{sl_i}(0) \tag{2.3.3}$$

第 i 连杆质心的物体速度为:

$$\boldsymbol{V}^b_{sl_i} = \boldsymbol{J}^b_{sl_i}(\boldsymbol{\theta})\dot{\boldsymbol{\theta}} \tag{2.3.4}$$

系统总动能为:

$$T(\boldsymbol{\theta},\ \dot{\boldsymbol{\theta}}) = \sum_{i=1}^{n}\frac{1}{2}(\boldsymbol{V}^b_{sl_i})^{\mathrm{T}}\mathfrak{M}_i\boldsymbol{V}^b_{sl_i}$$

$$= \sum_{i=1}^{n}\frac{1}{2}\dot{\boldsymbol{\theta}}^{\mathrm{T}}\boldsymbol{J}^{\mathrm{T}}_i(\boldsymbol{\theta})\mathfrak{M}_i\boldsymbol{J}_i(\boldsymbol{\theta})\dot{\boldsymbol{\theta}} = \frac{1}{2}\dot{\boldsymbol{\theta}}\boldsymbol{M}(\boldsymbol{\theta})\dot{\boldsymbol{\theta}} \tag{2.3.5}$$

式中，$\mathfrak{M}_i$ 为第 i 杆的广义惯性矩阵 $\mathfrak{M}_i = \begin{bmatrix} m_i\boldsymbol{I} & 0 \\ 0 & \mathfrak{I}_i \end{bmatrix}$，$\mathfrak{I}_i$ 为在（ L_i ）中表示的连杆惯性张量. 矩阵 $\boldsymbol{M}(\boldsymbol{\theta}) \in \mathfrak{R}^{n\times n}$ 为机器人惯性矩阵：

$$\boldsymbol{M}(\boldsymbol{\theta}) = \sum_{i=1}^{n} \boldsymbol{J}_i^{\mathrm{T}}(\boldsymbol{\theta})\mathfrak{M}_i\boldsymbol{J}_i(\dot{\boldsymbol{\theta}}) \tag{2.3.6}$$

设 $h_i(\boldsymbol{\theta})$ 为第 i 杆质心的高度，即第 i 杆质心相对基坐标系的 z 坐标值：$h_i(\boldsymbol{\theta}) = g_{sl_i}(\boldsymbol{\theta})[3, 4]$，式中 $[3, 4]$ 表示矩阵的第 3 行第 4 列的数值.

系统总势能为：

$$V(\boldsymbol{\theta}) = \sum_{i=1}^{n} V_i(\boldsymbol{\theta}) = \sum_{i=1}^{n} m_i g h_i(\boldsymbol{\theta}) \tag{2.3.7}$$

式中，m_i 为第 i 杆的质量，g 为重力常量.

将其与动能加以组合，得拉格朗日函数：

$$L(\boldsymbol{\theta}, \dot{\boldsymbol{\theta}}) = \frac{1}{2}\dot{\boldsymbol{\theta}}^{\mathrm{T}}\boldsymbol{M}(\boldsymbol{\theta})\dot{\boldsymbol{\theta}} - V(\boldsymbol{\theta}) \tag{2.3.8}$$

将上式代入拉格朗日方程，整理得到描述机器人运动的二阶矢量微分方程：

$$\boldsymbol{M}(\boldsymbol{\theta})\ddot{\boldsymbol{\theta}} + \boldsymbol{C}(\boldsymbol{\theta}, \dot{\boldsymbol{\theta}})\dot{\boldsymbol{\theta}} + N(\boldsymbol{\theta}, \dot{\boldsymbol{\theta}}) = \boldsymbol{\tau} \tag{2.3.9}$$

式中，$\boldsymbol{\tau}$ 为驱动力矩矢量，$N(\boldsymbol{\theta}, \dot{\boldsymbol{\theta}})$ 包括重力和作用于关节的其他力. 矩阵 $\boldsymbol{C}$ 为机器人的哥氏矩阵：

$$C_{ij}(\boldsymbol{\theta}, \dot{\boldsymbol{\theta}}) = \frac{1}{2}\sum_{k=1}^{n}\left\{\frac{\partial M_{ij}}{\partial \theta_k} + \frac{\partial M_{ik}}{\partial \theta_j} - \frac{\partial M_{jk}}{\partial \theta_i}\right\}\dot{\theta}_k \tag{2.3.10}$$

由于非惯性坐标系隐含在广义坐标中，所以出现了离心力和哥氏力项.

利用运动学正解的指数积公式，可以获得计算惯性矩阵和哥氏矩阵的更为明晰的公式.

如果 ξ_1, $\xi_2 \in \Re^6$ 表示两个运动螺旋的坐标,定义矢量叉积 $\Re^6 \times \Re^6 \to \Re^6$ 的李氏括号运算 $[\ldots, \ldots]$:

$$[\xi_1, \xi_2] = (\hat{\xi}_1 \hat{\xi}_2 - \hat{\xi}_2 \hat{\xi}_1)^v \qquad (2.3.11)$$

定义伴随变换 $A_{ij} \in \Re^{6\times6}$,即

$$A_{ij} = \begin{cases} \boldsymbol{Ad}^{-1}_{g(e^{\hat{\xi}_{j+1}\theta_{j+1}}\cdots e^{\hat{\xi}_i\theta_i})} & i > j \\ \boldsymbol{I} & i = j \\ 0 & i < j \end{cases} \qquad (2.3.12)$$

利用该记号,第 i 连杆物体雅可比矩阵的第 j 列由 $\boldsymbol{Ad}^{-1}_{gsl_i}A_{ij}\xi_j$ 给出,即有:

$$\boldsymbol{J}_i(\boldsymbol{\theta}) = \boldsymbol{Ad}^{-1}_{gsl_i(0)}[A_{i1}\xi_1 \cdots A_{ii}\xi_i \cdots 0 \cdots 0] \qquad (2.3.13)$$

通过定义第 i 杆变换后的惯性矩阵,将 $\boldsymbol{Ad}^{-1}_{gsl_i(0)}$ 与连杆惯性矩阵加以组合,得到第 i 杆相对于机器人基坐标系的惯性矩阵:

$$\mathfrak{M}'_i = \boldsymbol{Ad}^{\mathrm{T}}_{gsl_i(0)}{}^{-1}\mathfrak{M}_i\boldsymbol{Ad}^{-1}_{gsl_i(0)} \qquad (2.3.14)$$

则惯性矩阵和哥氏矩阵的计算公式为

$$M_{ij}(\boldsymbol{\theta}) = \sum_{l=\max(i,j)}^{n} \xi_i^{\mathrm{T}}A_{li}^{\mathrm{T}}\mathfrak{M}'_l A_{li}\xi_j$$

$$C_{ij}(\boldsymbol{\theta}) = \frac{1}{2}\sum_{k=1}^{n}\left\{\frac{\partial M_{ij}}{\partial\theta_k}+\frac{\partial M_{ik}}{\partial\theta_j}-\frac{\partial M_{kj}}{\partial\theta_i}\right\}\dot{\theta}_k \qquad (2.3.15)$$

式中,

$$\frac{\partial M_{ij}}{\partial\theta_k} = \sum_{l=\max(i,j)}^{n}([A_{k-1,i}\xi_i, \xi_k]^{\mathrm{T}}A_{lk}^{\mathrm{T}}\mathfrak{M}'_l A_{lj}\xi_j + \qquad (2.3.16)$$
$$\xi_i^{\mathrm{T}}A_{li}^{\mathrm{T}}\mathfrak{M}'_l A_{lk}[A_{k-1,j}\xi_j, \xi_k])$$

上式说明,机器人的动力学属性直接由关节运动螺旋 ξ_i、连杆坐标系 $g_{d_i}(0)$ 和连杆广义惯性矩阵 $\mathfrak{M}_i$ 确定.

仿人形机器人步行机构是一个复杂的多驱动的空间机构,是一个多变量的非线性系统,描述它们的运动学、动力学方程组必然很庞大、很复杂、很冗繁. 推导这样的方程组,需要作很大的努力,且容易出错,把这工作交给计算机完成,这就大大减少了产生错误的可能性.

本文基于计算机技术的进步,利用符号推理软件 mathematica,编制了正运动学、逆运动学、雅可比矩阵和动力学方程的符号推理程序,得到了解析形式的动力学方程,可以对机器人的系统特性作进一步的分析. 由于方程的各个组成项很复杂,难以在此列写出来,故在附录页附上源程序.

2.4 仿人形机器人侧向模型的 Lie 对称性及其守恒量

2.4.1 Lie 对称性及其守恒量

一般认为系统的守恒量在某一方面表现了作用在系统上的物理机制,有时在系统的微分方程不可积分的情况下,某个守恒量的存在可以使我们对所研究系统的局部物理状态有所了解. 我们熟知的能量守恒定律、动量守恒定律、角动量守恒定律、电荷守恒定律、宇称守恒定律等,都已成为解决理论和工程实际问题的重要工具.

寻求动力学系统的守恒量有多种方法[110-115]. 经典的牛顿力学方法,根据力的特性并根据动力学普遍定理导出能量守恒定律、动量守恒定律和角动量守恒定律. 传统的 Lagrange 力学方法,根据系统的运动微分方程求得系统的循环积分和广义能量积分等. 现代求取守恒量的对称性方法主要有:基于系统的 Hamilton 作用量在无限小变换下的不变性的 Noether 方法、基于系统的微分方程在无限小变换下的不变性的 Lie 方法等. 从牛顿力学方法到 Lagrange 力学方法,再到对称性方法,有一个趋势:数学工具越来越高,物理意义越来越不明显,可找到的守恒律也越来越多.

所谓对称性,是指某种变换下的不变性. 1918 年,德国女数学家 Noether 指出[111],每一个单参数变换群都对应一个守恒量,与之相应的对称性称为 Noether 对称性,如系统的作用量在时间平移变换群下的不变性对应能量守恒,在空间平移变换下的不变性对应了动量守恒,在空间旋转变换下的不变性对应角动量守恒.

自然界中的对称性比守恒定律更具有根本性. 可以认为,每个守恒律均分别以某种对称性作为它的更深一层次的物理原因. 而所有的对称性都分别基于某个基本量不可观测的假设,例如空间平移和旋转对称性暗含着宇宙没有中心,在任何位置观测的物理规律都是一样的,空间的绝对方向和绝对位置是无法确定的.

Lutzky[116]称动力系统的运动方程在坐标和时间变换下的不变性为 Lie 点对称性,并将 Sophus Lie 研究微分方程的不变性扩展群方法引入力学领域,在无限小变换中引入速度,扩展变换后的坐标和时间依赖于旧的速度、坐标和时间,提出了力学系统的运动方程在此变换下的不变性质为 Lie 对称性的概念,并指出 Lie 对称性不直接导出Noether 型守恒量,当对称性满足一定条件(后来称该条件为结构方程)时导出相应的守恒量,之后寻求系统守恒量的 Lie 对称性方法迅速发展,并广泛应用于物理、数学、力学等研究领域[117-123].

Lie 对称性是一种高级算法,为找到 Lie 对称性,需先求解确定方程,再建立结构方程,并求规范函数,最后由生成元和规范函数找到相应的守恒量.

1. 无限小群变换与 Lie 对称性确定方程

根据机器人动力学方程,可以得到机器人广义加速度的表达式:

$$\ddot{q}_s = \alpha_s(t, q_i, \dot{q}_i), (s = 1, \cdots, n) \tag{2.4.1}$$

引入时间和广义坐标的无限小变换:

$$\dot{t} = t + \Delta t$$
$$\dot{q}_s(t) = q_s(t) + \Delta q_s \quad (s = 1, \cdots, n) \tag{2.4.2}$$

或其展开式:

$$t^* = t + \varepsilon \xi_0(t, \boldsymbol{q}, \dot{\boldsymbol{q}})$$

$$\dot{q}_s(t) = q_s(t) + \varepsilon \xi_s(t, \boldsymbol{q}, \dot{\boldsymbol{q}}) \quad (s = 1, \cdots, n) \qquad (2.4.3)$$

取无限小生成元向量:

$$X^{(0)} = \xi_0 \frac{\partial}{\partial t} + \xi_s \frac{\partial}{\partial q_s}. \qquad (2.4.4)$$

它的一次扩展:

$$X^{(1)} = \xi_0 \frac{\partial}{\partial t} + \xi_s \frac{\partial}{\partial q_s} + (\dot{\xi}_s - \dot{q}_s \dot{\xi}_0)\frac{\partial}{\partial \dot{q}_s} \qquad (2.4.5)$$

以及它的二次扩展:

$$X^{(2)} = X^{(1)} + \big[(\ddot{\xi}_s - \dot{q}_s \ddot{\xi}_0) - \ddot{q}_s \dot{\xi}_0 \big]\frac{\partial}{\partial \ddot{q}_s} \qquad (2.4.6)$$

根据微分方程在无限小群变换下的不变性理论可知,方程 (2.4.1)在无限小变换(7.2.13)下的不变性表示为:

$$X^{(2)}\big[\ddot{q}_s - \alpha_s(t, \boldsymbol{q}, \boldsymbol{q})\big]\big|_{\ddot{q}_s = \alpha_s} = 0 \qquad (2.4.7)$$

它可以表示为:

$$\ddot{\xi}_s - \dot{q}_s \ddot{\xi}_0 - 2\dot{\xi}_0 \alpha_s = X^{(1)}(\alpha_s), (s = 1,\cdots,n) \qquad (2.4.8)$$

称方程(2.4.8)为方程(2.4.1)的确定方程.

定义 如果无限小变换(2.4.3)的生成元 ξ_0, ξ_s 满足确定方程 (2.4.8),则称对应的对称性为机器人系统的 Lie 对称性.

2. 结构方程与守恒量

定理 对于由式(2.4.1)所表示的机器人的动力学方程,如果无限小变换的生成元满足确定方程,且存在规范函数 $G = G(t, \boldsymbol{q}, \dot{\boldsymbol{q}})$ 满足结构方程

$$L\dot{\xi}_0 + X^{(1)}(L) + Q_s(\xi_s - \dot{q}_s\xi_0) + \dot{G} = 0 \qquad (2.4.9)$$

则该系统存在如下形式的守恒量:

$$I = L\xi_0 + \frac{\partial L}{\partial \dot{q}_s}(\xi_s - \dot{q}_s\xi_0) + G \qquad (2.4.10)$$

一般来说,Lie 对称性不一定有其相应的守恒量,如果由结构方程求出的 $G = 0$,或为 t,q,$\dot{q}$ 的某函数的全导数时,才能找到相应的规范函数,进而求得系统的守恒量.

2.4.2 侧向模型的 Lie 对称性与守恒量

如图 2.3 所示,仿人形机器人的侧向运动模型可以视为 5 连杆 4 个转动关节的机构. 为了有效作业,一般规划机器人的上体姿态在步行中保持不变,所以有:$\theta_2 = -\theta_3$,$\theta_1 = -\theta_4$,独立变量有 θ_3 和 θ_4.

将机器人的结构参数代入动力学方程,可得:

$$\tau_3 = \frac{1}{4}\{4h_f(g - C_{34}\ddot{\theta}_3 L_b - C_{34}\ddot{\theta}_4 L_b)m_f - \ddot{\theta}_4 L_1^2(3 m_1 + 8 m_f) +$$

$$2L_1\{(gC_4 - C_3\ddot{\theta}_3 L_b - C_3\ddot{\theta}_4 L_b)m_1 +$$

$$2[gC_4 - C_3\ddot{\theta}_3 L_b - \ddot{\theta}_4 2C_4 h_f + C_3 L_b]m_f\}\}$$

$$\tau_4 = h_f[g - C_{34}\ddot{\theta}_3 L_b - \ddot{\theta}_4(2C_4 L_1 + C_{34}L_b)]m_f \qquad (2.4.11)$$

为了简化表达式,式中 C_3 表示 $\cos(\theta_3)$,C_{3+4} 表示 $\cos(\theta_3 + \theta_4)$,$C_{3-4}$ 表示 $\cos(\theta_3 - \theta_4)$,其他简化意思也是一样. g 为重力加速度,$g = 9.81$.

将上式改写,可以得到广义加速度的表达式:

$$\ddot{\theta}_3 = \{4(-\tau_3 + \tau_4)C_{34}h_f L_b m_f + L_1^2\{m_1[3\tau_4 + g(-1 + 2C_{44})h_f m_f] +$$

$$8m_f(\tau_4 - gS_4^2 h_f m_f)\} + L_1[8(-\tau_3 + \tau_4)C_4 h_f m_f + L_b(m_1 +$$

$$2m_f)(2\tau_4 C_3 - 2gS_4 S_{34}h_f m_f)]\}/$$

$$\{h_f L_1^2 L_b m_f[(C_3 C_4 + 3S_3 S_4 m_1) + 8S_3 S_4 m_f]\}$$

$$= \alpha_1(t, \boldsymbol{\theta}, \dot{\boldsymbol{\theta}})$$

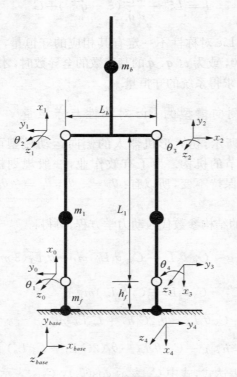

图 2.3 侧向模型

$$\ddot{\theta}_4 = \big[4(\tau_3 - \tau_4)C_{34}h_fm_f + 2L_1(m_1 + 2m_f)$$

$$(-\tau_4C_3 + gS_4S_{34}h_fm_f)\big]/$$

$$\{h_fL_1^2m_f[(C_3C_4 + 3S_3S_4)m_1 + 8S_3S_4m_f]\}$$

$$= \alpha_2(t, \boldsymbol{\theta}, \dot{\boldsymbol{\theta}}) \tag{2.4.12}$$

将式(2.4.12)代入确定方程得:

$$\begin{cases} \ddot{\xi}_1 - \dot{\theta}_3 \ddot{\xi}_0 - 2\,\dot{\xi}_0 \dot{\theta}_3 = \xi_0 \partial_t \ddot{\theta}_3 + \xi_1 \partial_{\theta_3} \ddot{\theta}_3 + \xi_2 \partial_{\theta_4} \ddot{\theta}_3 \\ \ddot{\xi}_2 - \dot{\theta}_4 \ddot{\xi}_0 - 2\,\dot{\xi}_0 \dot{\theta}_4 = \xi_0 \partial_t \ddot{\theta}_4 + \xi_1 \partial_{\theta_3} \ddot{\theta}_4 + \xi_2 \partial_{\theta_4} \ddot{\theta}_4 \end{cases} \tag{2.4.13}$$

其扩展形式为：

$$-\{2\,\dot{\xi}_0 \{4(-\tau_3 + \tau_4)C_{34}h_f L_b m_f + L_1^2 \{m_1[3\tau_4 + g(-1 +$$

$$2C_{44})h_f m_f] + 8m_f(\tau_4 - gS_4^2 h_f m_f)\} + L_1[8(-\tau_3 +$$

$$\tau_4)C_4 h_f m_f + L_b(m_1 + 2m_f)(2\tau_4 C_3 - 2gS_4 S_{34} h_f m_f)]\}\}/$$

$$\{h_f L_1^2 L_b m_f[(C_3 C_4 + 3S_3 S_4)m_1 + 8S_3 S_4 m_f]\} - \dot{\theta}_3 \ddot{\xi}_0 + \ddot{\xi}_1$$

$$= \{-\{2S_4 L_b(m_1 + 2m_f) + L_1[(-C_4 S_3 + 3C_3 S_4)m_1 + 8C_3 S_4 m_f]\} \cdot$$

$$\{8(-\tau_3 + \tau_4)C_4 h_f m_f + L_1 \{m_1[3\tau_4 + g(-1 + 2C_{44})h_f m_f] +$$

$$8m_f(\tau_4 - gS_4^2 h_f m_f)\}\}\xi_1 + \{2h_f m_f[-(C_3 C_4 +$$

$$3S_3 S_4)m_1 - 8S_3 S_4 m_f]\{2(-\tau_3 + \tau_4)S_{34}L_b +$$

$$2gS_{44}L_1^2(m_1 + 2m_f) + L_1[4(-\tau_3 + \tau_4)S_4 +$$

$$gS_{344}L_b(m_1 + 2m_f)]\} - [(2S_{3-4} + S_{34})m_1 +$$

$$8C_4 S_3 m_f]\{4(-\tau_3 + \tau_4)C_{34}h_f m_f L_b + L_1^2 \{m_1[3\tau_4 +$$

$$g(-1 + 2C_{44})h_f m_f] + 8\,m_f(\tau_4 - gS_4^2 h_f m_f)\} +$$

$$L_1[8(-\tau_3 + \tau_4)C_4 h_f m_f + L_b(m_1 + 2\,m_f)(2\tau_4 C_3 -$$

$$2gS_4 S_{34} h_f m_f)]\}\}\xi_2\}/\{h_f L_1^2 m_f L_b[(C_3 C_4 +$$

$$3S_3 S_4)m_1 + 8S_3 S_4 m_f]^2\} - \{2\,\dot{\xi}_0[4(\tau_3 -$$

$$\tau_4)C_{34}h_f \dot{m}_f + 2L_1(m_1 + 2\,m_f)(-\tau_4 C_3 +$$

$$gS_4 S_{34} h_f m_f)]\}/\{h_f L_1^2 m_f[(C_3 C_4 + 3S_3 S_4)m_1 +$$

$$8S_3 S_4 m_f]\} - \dot{\theta}_4 \, \xi_0 + \dot{\xi}_2$$

$$= \{2S_4(m_1 + 2m_f)\{8(-\tau_3 + \tau_4)C_4 h_f m_f + L_1\{m_1[3\tau_4 +$$

$$g(-1 + 2C_{44})h_f m_f] + 8m_f(\tau_4 - gS_4^2 h_f m_f)\}\}\xi_1 +$$

$$\{2h_f m_f[(C_3 C_4 + 3S_3 S_4)m_1 + 8S_3 S_4 m_f][2(-\tau_3 +$$

$$\tau_4)S_{34} + gS_{344}L_1(m_1 + 2m_f)] - [(2S_{3-4} +$$

$$S_{34})m_1 + 8C_4 S_3 m_f][4(\tau_3 - \tau_4)C_{34} h_f m_f +$$

$$2L_1(m_1 + 2m_f)(-\tau_4 C_3 + gS_4 S_{34} h_f m_f)]\}\xi_2\}/$$

$$\{h_f L_1^2 m_f[(C_3 C_4 + 3S_3 S_4)m_1 + 8S_3 S_4 m_f]^2\} \qquad (2.4.14)$$

这是一个耦合的复杂的微分方程组，有如下解：

$$\xi_0 = c, \xi_1 = 0, \xi_2 = 0 \qquad (2.4.15)$$

由结构参数可以得到具体 Lagrange 函数值：

$$L = \frac{1}{8}\{-8gh_f(2m_1 + m_b + m_f) + L_b[4(2gS_{34} + \dot{\theta}_3^2 L_b + 2\dot{\theta}_3 \dot{\theta}_4 L_b +$$

$$\dot{\theta}_4^2 L_b)m_1 + (4gS_{34} + \dot{\theta}_3^2 L_b + 2\dot{\theta}_3 \dot{\theta}_4 L_b + \dot{\theta}_4^2 L_b)m_b + 4(2gS_{34} +$$

$$\dot{\theta}_3^2 L_b + 2\dot{\theta}_3 \dot{\theta}_4 L_b + \dot{\theta}_4^2 L_b)m_f] + 4L_1[(4gS_4 + 3C_3 \dot{\theta}_3 \dot{\theta}_4 L_b +$$

$$3C_3 \dot{\theta}_4^2 L_b)m_1 + (2gS_4 + C_3 \dot{\theta}_3 \dot{\theta}_4 L_b + C_3 \dot{\theta}_4^2 L_b)m_f + 4(gS_4 +$$

$$C_3 \dot{\theta}_3 \dot{\theta}_4 L_b + C_3 \dot{\theta}_4^2 L_b)m_f] + 2\dot{\theta}_4^2 L_1^2[5m_1 + 2(m_b + m_f)]\}$$

$$(2.4.16)$$

则结构方程为：

$$-c\tau_3 \dot{\theta}_3 - c\tau_4 \dot{\theta}_4 + \dot{G} = 0 \qquad (2.4.17)$$

规范函数为：

$$G = c\int \tau_3 \, \mathrm{d}\theta_3 + \tau_4 \, \mathrm{d}\theta_4 \tag{2.4.18}$$

则对应的守恒量为：

$$I = cL + \frac{\partial L}{\partial \dot{q}_s}(\xi_s - c\dot{q}_s) + G$$

$$= cL + c\dot{\theta}_3 \frac{\partial L}{\partial \dot{\theta}_3} + c\dot{\theta}_4 \frac{\partial L}{\partial \dot{\theta}_4} + c\int \tau_3 \, \mathrm{d}\theta_3 + \tau_4 \, \mathrm{d}\theta_4$$

$$= c\left(L + \dot{\theta}_3 \frac{\partial L}{\partial \dot{\theta}_3} + \dot{\theta}_4 \frac{\partial L}{\partial \dot{\theta}_4} + \int \tau_3 \, \mathrm{d}\theta_3 + \tau_4 \, \mathrm{d}\theta_4 \right) = \text{const}$$

$$\tag{2.4.19}$$

即：

$$\frac{1}{8}\{-8gh_f(2m_1 + m_b + m_f) - L_b[4(-2gS_{34} + \dot{\theta}_3^2 L_b +$$

$$2\dot{\theta}_3\dot{\theta}_4 L_b + \dot{\theta}_4^2 L_b)m_1 + (-4gS_{34} + \dot{\theta}_3^2 L_b + \dot{\theta}_4^2 L_b +$$

$$2\dot{\theta}_3\dot{\theta}_4 L_b)m_b + 4(-2gS_{34} + \dot{\theta}_3^2 L_b + 2\dot{\theta}_3\dot{\theta}_4 L_b +$$

$$\dot{\theta}_4^2 L_b)m_f] + 4L_1[(4gS_4 - 3C_3\dot{\theta}_4^2 L_b - 3C_3\dot{\theta}_3\dot{\theta}_4 L_b)m_1 +$$

$$(2gS_4 - C_3\dot{\theta}_3\dot{\theta}_4 L_b - C_3\dot{\theta}_4^2 L_b)m_b + 4(gS_4 -$$

$$C_3\dot{\theta}_3\dot{\theta}_4 L_b - C_3\dot{\theta}_4^2 L_b)m_f] - 2\dot{\theta}_4^2 L_1^2[5m_1 +$$

$$2(m_b + 4m_f)]\} + \int \tau_3 \, \mathrm{d}\theta_3 + \tau_4 \, \mathrm{d}\theta_4$$

$$= \text{const} \tag{2.4.20}$$

至此,本文获得了一个不同于经典的三大守恒量的新守恒量(2.4.20),代入变量 θ_3,θ_4,τ_3,τ_4 的具体取值,就可以得到更为具体的守恒量.

2.5 本章小结

仿人形机器人两足步行机构的运动学、动力学建模是进行步态规划、控制系统设计的重要基础. 机器人的运动学和动力学模型常应用 D－H 矩阵法，需要在每个连杆上建立一个局部连杆坐标系，D－H 参数的确定也比较繁琐的不足.

本章针对这些不足，应用旋量方法，首次将两足步行机构的运动学表示为若干运动螺旋的指数积. 旋量方法只需用两个坐标系：基坐标系和工具坐标系，关节运动螺旋的构造也很简单，其雅可比矩阵的列可理解为机器人的运动螺旋轴.

由于计算困难，仿人形机器人的建模一般是针对前向和侧向分别进行的，这将导致建模误差. 本章基于计算机自动符号推理技术，得到了完整的机器人的三维运动学模型，有助于进一步分析前向运动和侧向运动间的耦合关系. 利用机器人步态规划的特点，将 12 自由度的冗余机器人分解为两个级连 6 自由度机器人，再结合运动学正解的指数积公式，构造了运动学逆解的几何算法.

为了反映关节空间和末端笛卡儿空间的运动以及力的映射关系，本章基于指数积公式，给出了空间雅可比矩阵的计算公式. 基于旋量方法，应用拉格朗日运动方程，推导了完整的两足步行机构的 3D 动力学方程，并利用运动学正解的指数积公式，获得计算惯性矩阵和哥氏矩阵的更为明晰的计算公式. 所得方程具有解析解，可以对系统特性作进一步的分析. 本文基于计算机技术的进步，利用符号计算软件 mathematica，编制了正运动学、逆运动学、雅可比矩阵和动力学方程的符号推理程序，所有源程序均附在论文附录页.

动力学系统的守恒量不仅具有数学重要性，而且揭示了深刻的物理规律. 本章基于现代 Lie 群分析技术，应用动力学系统的微分方程在无限小变换下的不变性的 Lie 方法，研究仿人形机器人侧向动力学模型的 Lie 对称性及其相应的守恒量. 现代数学方法的引入，有助于增进对于两足步行运动内在物理本质的深入理解，促进仿人形机器人的研究.

第三章　仿人形机器人双足步行
稳定性与几何约束

3.1　前言

仿人形机器人的双足步行运动可以视为两只脚交替地与地面发生间歇相互作用的运动,即交替地出现左脚单支撑和右脚单支撑状态. 因为不存在吸引力,支撑脚和地面之间的"关节"为单向的、未驱动的. 双足步行研究的最大挑战之一就是如何维持支撑脚与地面的相对瞬时固定,使机器人在步行过程中不至发生翻倒与滑动.

在双足步行研究中,零力矩点(ZMP)常被用于衡量机器人是否会发生绕其支撑脚边缘的倾覆. 支撑腿踝关节作为机器人中离支撑面最近的可控关节,对 ZMP 的影响最大. 本文首先研究 ZMP 与支撑腿踝关节驱动力矩之间的更为直接的关系,以获得关于踝关节驱动力矩的稳定性约束条件,并进一步分析其驱动单元的输出力矩限制对满足 ZMP 稳定性条件的影响.

支撑脚与地面的相对瞬时静止,不仅包括不发生机器人绕支撑脚边缘的倾覆,还包括垂直方向上的跳起、沿地面水平方向的滑移和绕支撑脚垂直方向的滑转. 而 ZMP 仅仅涉及机器人绕支撑脚边缘的倾覆问题,结合地面摩擦力的影响,本文将给出完整的维持支撑脚与地面相对瞬时静止的动力学稳定条件.

机器人所受的外力最终都是由地面反力平衡的,地面反力的分布关系到支撑脚能否与地面保持有效接触,机器人的期望运动能否实现. 地面反力的分布状况与支撑脚的形状、机器人所受的重力与惯性力的合力密切相关. 首先根据地面与支撑脚接触面上支反力的分布条件,分析得到支撑脚相对地面保证全接触的稳定性条件. 并研究支撑脚的形状即脚底中部开槽与不开槽对地面反力分布以及稳定性的影响. 在脚底板与地面弹性接触时,根据机器人的不同受力状况,分析支撑脚与地面之间的各种可能的接触形态,得到机器人不发生倾覆的充要条件. 根据接触面上切向力的分布规律和摩擦原理,分别研究支撑脚沿着地面的水平方向的滑移与绕支撑脚垂直轴滑转的充要条件,再经过综合得到机器人不发生滑移与滑转的充要条件.

双足步行优于一般移动方式的一个很重要特点是它可以上下楼梯及台阶. 在仿人形机器人上下台阶过程中,不但有机器人结构参数的限制而导致的结构约束,还有台阶对机器人的环境约束. 本文最后基于几何学和步态规划知识,推导出的机器人上下台阶时的几何约束条件.

3.2 重心的地面投影点和零力矩点

仿人形机器人的双足步行运动可以视为两只脚交替地与地面发生间歇相互作用的运动. 因为不存在吸引力,支撑脚和地面之间的"关节"为单向的、未驱动的,为不可控自由度,这也是腿式步行机器人区别于其他机器人的一个重要的特征. 机器人在双足步行中有可能发生整个机构绕其支撑脚的边缘倾覆、支撑脚与地面间发生滑动、甚至支撑脚跳离地面的运动. 对于这些不可控自由度,只能通过控制其他自由度的运动,间接地加以控制.

对于步行过程中最可能发生的不稳定状况——整个机器人机构绕其支撑脚边缘的倾覆问题,主要有两个指标来衡量其稳定性,一个是整个机器人的重心地面投影点(Center of Gravity,简称 CG),另一个是零力矩点(Zero Moment Point,简称 ZMP),参见图 3.1. 重心地面投影点对应于静态稳定性,ZMP 对应于动态步行稳定性. 当机器人的某个行走平面的加速度为零时,则该行走平面内的 ZMP 和 CG 重合. 当然,也有学者采用其他的动态稳定性指标,如支撑脚转动指标点(Foot Rotation Indicator Point).

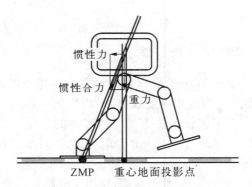

图 3.1　重心地面投影点和 ZMP

3.2.1　重心地面投影点的计算

仿人形机器人双足步行时,左右脚交替地落地支撑,形成一个不断移动和变化的支撑面. 如果在行走过程中,整个机器人重心的地面投影点始终保持在支撑面内,称为满足静态稳定性条件,在步行速度较低时,满足静态稳定性条件就可以保证机器人不会发生绕其支撑脚边缘倾覆.

不失一般性,以左脚支撑为例,计算整个机器人的重心地面投影点. 基坐标系(0)为惯性坐标系,位于左脚的脚底面的中心,对于 SHUR 机器人,令 m_i 为连杆 i 的质量,$q_{ci}(0)$ 为零位形时($\theta = 0$)连杆 i 质心相对基坐标系的位置,见表 1,则连杆 i 质心相对(0)的位置为:

$$q_{ci}(\theta) = g_{st_1}(\theta_1) g_{st_2}(\theta_2) \cdots g_{st_i}(\theta_i) q_{ci}(0)$$

$$= e^{\hat{\xi}_1 \theta_1} e^{\hat{\xi}_2 \theta_2} \cdots e^{\hat{\xi}_i \theta_i} q_{ci}(0) \tag{3.2.1}$$

整个系统重心相对地面的投影点位置为:

$$x_{CG} = \frac{\sum\limits_{i}^{n} m_i q_{ci}(\theta)_x}{\sum\limits_{i}^{n} m_i}, \quad y_{CG} = \frac{\sum\limits_{i}^{n} m_i q_{ci}(\theta)_y}{\sum\limits_{i}^{n} m_i} \tag{3.2.2}$$

$q_{ci}(\theta)_x$、$q_{ci}(\theta)_y$ 分别为 $q_{ci}(\theta)$ 的 x 和 y 分量,即 $q_{ci}(\theta)[1]$ 与 $q_{ci}(\theta)[2]$.

3.2.2 零力矩点的计算

静态稳定条件只考虑了垂直方向的重力作用. 在速度较高的动态行走时,机器人的瞬时加速度较大,所对应的惯性力对稳定性的影响将不容忽视. 为了表征机器人动态行走时的稳定性,Vokobratovic 首先提出零力矩点(Zero Moment Point,ZMP)概念,作为动态步行稳定性的评价指标.

ZMP 是指地面上一点,相对该点,作用在机器人上的合力绕通过该点的水平轴 x 和 y 轴的力矩均为 0(参见图 3.2). 严格来说,零力矩点的说法不够严密,因为绕该点的 z 轴的力矩不一定为 0,仅仅是绕 x 和 y 轴的力矩为 0,为了简便起见,本文中仍采用 ZMP 的名称. 在仿人形机器人的双足步行运动中,ZMP 应始终位于由支撑脚掌所形成的凸形有效支撑区域内,以保证动态行走的稳定性,即机器人不会发生绕其支撑脚边缘的倾覆,这一点已经为众多的实际的行走试验所证实. ZMP 已经成为步态规划和步行运动控制的一个重要依据.

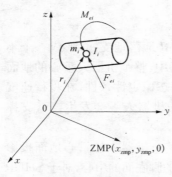

图 3.2 ZMP 位置

自 Vokobratovic 提出 ZMP 至今,已经出现了许多不同的 ZMP 定义,概括起来主要有两类:一类是从地面反力的角度出发,将地面反力向地面上某点等效,在该点处地面反力的力矩 $M'_x = M'_y = 0$;另一类是指机器人机构上的重力与惯性力的合力的地面投影线的终点,在该点处,合力的力矩 $M_x = M_y = 0$. 尽管这两类定义所取的数值可能相等,但却是不同的概念. 用地面反力定义的 ZMP 不可能超出支撑区域. 用重力与惯性力的合力所定义的 ZMP,经常被用于分析规划步态的物理可实现性. 如果规划步态的 ZMP 超出有效支撑区域,则在实际行走中,机器人的运动肯定会偏离规划步态,即规划步态不具有物理可实现性.

下面应用重力与惯性力的合力的 ZMP 定义,根据 D'Alembert 原理推导 ZMP 的计算公式.

基坐标系为惯性坐标系,其 oxy 平面和机器人的支撑面相重合,坐标原点为支撑脚的中心. 以下各个量均是相对基坐标系的. 如图 3.2 所示,记 m_i 为连杆 i 的质量,I_i 为惯性张量. 作用于连杆 i 上的外力和外力矩向质心简化为:$F_{ei} = [F_{exi}, F_{eyi}, F_{ei}]$、$M_{ei} = [M_{exi}, M_{eyi}, M_{ei}]$. 连杆 i 质心的加速度为 $a_{ci} = [\ddot{x}_{ci}, \ddot{y}_{ci}, \ddot{z}_{ci}]$,角速度为 ω_i,角加速度为 ε_i,质心相对基坐标系的位置 $r_i = [x_{ci}, y_{ci}, z_{ci}]$.

连杆 i 上的重力与惯性力的合力:

$$F_i = -m_i a_{ci} - m_i \begin{bmatrix} 0 \\ 0 \\ g \end{bmatrix} = -m_i \begin{bmatrix} \ddot{x}_{ci} \\ \ddot{y}_{ci} \\ \ddot{z}_{ci} + g \end{bmatrix} \tag{3.2.3}$$

惯性力矩:

$$N_i = -(I_i \varepsilon_i + \omega_i \times (I_i \omega_i)) = \begin{bmatrix} N_{xi} \\ N_{yi} \\ N_{zi} \end{bmatrix} \tag{3.2.4}$$

根据 D'Alembert 定理,将机器人行走时所受的全部作用力和力矩(不包括地面反力和力矩)向参照系的原点简化,得到:

x、y、z 方向的力:

$$F = \begin{bmatrix} F_x \\ F_y \\ F_z \end{bmatrix} = \sum_{i=1}^{n} -m_i \begin{bmatrix} \ddot{x}_{ci} \\ \ddot{y}_{ci} \\ (\ddot{z}_{ci} + g) \end{bmatrix} + \begin{bmatrix} f_{exi} \\ f_{eyi} \\ f_{ezi} \end{bmatrix} \tag{3.2.5}$$

绕 x、y、z 轴的力矩:

$$M = \begin{bmatrix} M_x \\ M_y \\ M_z \end{bmatrix} = \sum_{i=1}^{n} -m_i \begin{bmatrix} (\ddot{z}_{ci} + g) y_{ci} - \ddot{y}_{ci} z_{ci} \\ \ddot{x}_{ci} z_{ci} - (\ddot{z}_{ci} + g) x_{ci} \\ \ddot{y}_{ci} x_{ci} - \ddot{x}_{ci} y_{ci} \end{bmatrix} + \begin{bmatrix} N_{xi} \\ N_{yi} \\ N_{zi} \end{bmatrix} +$$

$$\begin{bmatrix} M_{exi} \\ M_{eyi} \\ M_{ezi} \end{bmatrix} + \begin{bmatrix} F_{ezi}y_{ci} - F_{eyi}z_{ci} \\ F_{exi}z_{ci} - F_{ezi}x_{ci} \\ F_{eyi}x_{ci} - F_{exi}y_{ci} \end{bmatrix} \tag{3.2.6}$$

将合力从参考系原点移到 oxy 平面点 $P = [x_{\text{zmp}}, y_{\text{zmp}}, 0]$，使机器人绕 x 轴和 y 轴的倾覆力矩为 0，即：

$$\begin{cases} M_x - F_z y_{\text{zmp}} = 0 \\ M_y + F_z x_{\text{zmp}} = 0 \end{cases} \tag{3.2.7}$$

解得：

$$x_{\text{zmp}} = -\frac{M_y}{F_z}$$

$$= \frac{\sum_{i=1}^{n} m_i(\ddot{z}_i + g)x_i - m_i \ddot{x}_i z_i + N_{yi} + M_{eyi} + (F_{exi}z_{ci} - F_{ezi}x_{ci})}{\sum_{i=1}^{n} m_i(\ddot{z}_i + g) - F_{ezi}}$$

$$y_{\text{zmp}} = \frac{M_x}{F_z}$$

$$= \frac{\sum_{i=1}^{n} m_i(\ddot{z}_i + g)y_i - m_i \ddot{y}_i z_i - N_{xi} - M_{exi} - (F_{ezi}y_{ci} - F_{eyi}z_{ci})}{\sum_{i=1}^{n} m_i(\ddot{z}_i + g) - F_{ezi}}$$

$$z_{\text{zmp}} = 0 \tag{3.2.8}$$

上式为笛卡儿空间的计算公式，连杆质心的位置可以表示成广义坐标 θ 的函数，加速度可以表示成 θ 及其角速度 $\dot{\theta}$ 和角加速度的函数 $\ddot{\theta}$，所以机器人的 ZMP 也可以表示下列的关节空间的形式：

$$x_{\text{zmp}} = f_{x\text{zmp}}(\theta, \dot{\theta}, \ddot{\theta})$$

$$y_{\text{zmp}} = f_{y\text{zmp}}(\theta, \dot{\theta}, \ddot{\theta}) \qquad (3.2.9)$$

根据前文的动力学方程：

$$M(\theta)\,\ddot{\theta} + C(\theta,\dot{\theta})\,\dot{\theta} + N(\theta,\dot{\theta}) = \tau \qquad (3.2.10)$$

$$\ddot{\theta} = M(\theta)^{-1}(\tau - C(\theta,\dot{\theta})\,\dot{\theta} + N(\theta,\dot{\theta})) = fun(\theta,\dot{\theta},\tau) \qquad (3.2.11)$$

则 ZMP 还可以表示成 τ, θ, $\dot{\theta}$ 的函数：

$$x_{\text{zmp}} = f_{x\text{zmp}}(\theta, \dot{\theta}, \tau)$$
$$y_{\text{zmp}} = f_{y\text{zmp}}(\theta, \dot{\theta}, \tau) \qquad (3.2.12)$$

3.3 支撑腿踝关节驱动力矩的 ZMP 稳定性约束

由上一章的 ZMP 与各关节驱动力矩的关系式：$x_{\text{zmp}} = f_{x\text{zmp}}(\theta, \dot{\theta}, \tau)$，$y_{\text{zmp}} = f_{y\text{zmp}}(\theta, \dot{\theta}, \tau)$ 可知，ZMP 位置可以通过控制关节力矩的方法进行间接控制. 因为支撑腿踝关节 ω_1 和 ω_2 是机器人中离支撑面最近的可控关节，对 ZMP 的影响最大. 因此，本文给出 ZMP 与支撑腿踝关节驱动力矩 τ_1、τ_2 之间的更为明晰的关系.

设支撑腿踝关节以上的机器人各部分对支撑腿踝关节的作用力为 $[F'_x, F'_y, F'_z, M'_x, M'_y, M'_z]$，如图 3.3 所示，根据踝关节驱动轴相对坐标系的方向 $\omega_1 = [-1, 0, 0]$ 和 $\omega_2 = [0, -1, 0]$，可知：$-M'_x = -\tau_1$，$-M'_y = -\tau_2$.

机器人对地面上基坐标系(s)原点 o 的等效作用为：

$$\begin{cases} F_x = F'_x \\ F_y = F'_y \\ F_z = F'_z - m_{ankle}g \end{cases}$$

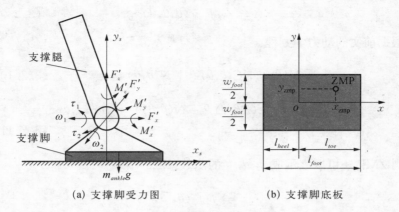

(a) 支撑脚受力图　　　(b) 支撑脚底板

图 3.3　支撑脚受力状况

$$\begin{cases} M_x = M'_x - F'_y h_{ankle} = \tau_1 - F'_y h_{ankle} \\ M_y = M'_y + F'_x h_{ankle} = \tau_2 + F'_x h_{ankle} + m_{ankle} g \left(\dfrac{l_{foot}}{2} - l_{heel} \right) \\ M_z = M'_z \end{cases}$$

$$(3.3.1)$$

根据 ZMP 的定义,其相对零力矩点(x_{zmp},y_{zmp},0)的等效力/力矩:

$$\begin{cases} F_{x\,zmp} = F_x = F'_x \\ F_{y\,zmp} = F_y = F'_y \\ F_{z\,zmp} = F_z = F'_z - m_{ankle} g \end{cases}$$

$$\begin{cases} M_{x\,zmp} = M_x - F_z y_{zmp} = 0 \\ M_{y\,zmp} = M_y + F_z x_{zmp} = 0 \\ M_{z\,zmp} = M_z + F_x y_{zmp} - F_y x_{zmp} \end{cases} \qquad (3.3.2)$$

因此,

$$x_{zmp} = -\frac{M_y}{F_z} = \frac{\tau_2 + F'_x h_{ankle} + m_{ankle} g \left(\dfrac{l_{foot}}{2} - l_{heel} \right)}{F'_z - m_{ankle} g}$$

$$y_{\mathrm{zmp}} = \frac{M_x}{F_z} = \frac{\tau_1 - F_y' h_{ankle}}{F_z' - m_{ankle} g} \tag{3.3.3}$$

注意:本节中 τ_1 和 τ_1 为相对关节空间的广义力矩,其他力学量均相对于基坐标系的. 为了保持与地面的接触,要求 $F_z' - m_{ankle} g < 0$.

为了防止机器人发生绕支撑脚边缘的倾覆,ZMP 应该始终位于有效支撑域内,即:

$$-l_{heel} \leqslant x_{\mathrm{zmp}} \leqslant l_{toe}$$
$$-\frac{w_{foot}}{2} \leqslant y_{\mathrm{zmp}} \leqslant \frac{w_{foot}}{2} \tag{3.3.4}$$

所以有:

$$l_{heel}(F_z' - m_{ankle} g) - \left(F_x' h_{ankle} + m_{ankle} g \left(\frac{l_{foot}}{2} - l_{heel} \right) \right)$$
$$\leqslant \tau_2 \leqslant -l_{toe}(F_z' - m_{ankle} g) - \left(F_x' h_{ankle} + m_{ankle} g \left(\frac{l_{foot}}{2} \right. \right.$$
$$\left. \left. - l_{heel} \right) \right) \frac{w_{foot}}{2}(F_z' - m_{ankle} g) + F_y' h_{ankle}$$
$$\leqslant \tau_2 \leqslant -\frac{w_{foot}}{2}(F_z' - m_{ankle} g) + F_y' h_{ankle} \tag{3.3.5}$$

简化得:

$$l_{heel} F_z' - F_x' h_{ankle} - m_{ankle} g \frac{l_{foot}}{2} \leqslant \tau_2 \leqslant$$
$$-l_{toe} F_z' - F_x' h_{ankle} + m_{ankle} g \frac{l_{foot}}{2} \frac{w_{foot}}{2}(F_z' - m_{ankle} g)$$
$$+ F_y' h_{ankle} \leqslant \tau_1 \leqslant -\frac{w_{foot}}{2}(F_z' - m_{ankle} g) + F_y' h_{ankle} \tag{3.3.6}$$

由此可见,为了保证机器人不发生绕支撑脚边缘的倾覆,使 ZMP 位于稳定支撑域内,在踝关节控制中应使踝关节的驱动力矩满足上式的约束条件.

当 ZMP 位于支撑域的中心时,机器人的动态稳定程度性最大.若 ZMP 位于支撑区域的中心,即 $x_{zmp} = 0$, $y_{zmp} = 0$,得:

$$\tau_2 = -F_x' h_{ankle} - m_{ankle} g \left(\frac{l_{foot}}{2} - l_{heel} \right)$$

$$\tau_1 = F_y' h_{ankle} \tag{3.3.7}$$

当机器人的踝关节力矩取上述数值时,该步行运动的 ZMP 位于有效稳定支撑域的中心,步行稳定裕量最大,抗倾覆能力最大.

由上面的分析可知,在机器人动态行走步态规划和控制中,可以通过调节踝关节力矩来提高行走的稳定性和低抗干扰的能力.

由于驱动器件的限制,踝关节所能提供的力矩被约束在一个有限的范围内:

$$\tau_{1min} \leqslant \tau_1 \leqslant \tau_{1max}$$

$$\tau_{2min} \leqslant \tau_2 \leqslant \tau_{2max} \tag{3.3.8}$$

由(3.3.6)式与(3.3.8)式得,

$$\begin{cases} l_{heel} F_z' - F_x' h_{ankle} - m_{ankle} g \dfrac{l_{foot}}{2} \leqslant \tau_{2max} \\[3mm] -l_{toe} F_z' - F_x' h_{ankle} + m_{ankle} g \dfrac{l_{foot}}{2} \geqslant \tau_{2min} \end{cases}$$

$$\begin{cases} \dfrac{w_{foot}}{2} (F_z' - m_{ankle} g) + F_y' h_{ankle} \leqslant \tau_{1max} \\[3mm] -\dfrac{w_{foot}}{2} (F_z' - m_{ankle} g) + F_y' h_{ankle} \geqslant \tau_{1min} \end{cases} \tag{3.3.9}$$

即步态规划中,应该注意满足上式的约束,此约束是由驱动器件的输出限制而引起的,如果超出了此范围,则支撑脚踝关节的极限输出力矩将不足以平衡机器人所受的重力与惯性力的合力所引起的倾覆力矩,机器人就会发生非期望的倾覆. 为了获得最大的踝关节力矩调节作用,提供尽可能大的对外部干扰的控制补偿力矩,

$$\tau_1 = \frac{\tau_{1\max} - \tau_{1\min}}{2}$$

$$\tau_2 = \frac{\tau_{2\max} - \tau_{2\min}}{2} \tag{3.3.10}$$

由(3.3.3)式得:

$$x_{zmp0} = -\frac{M_y}{F_z} = \frac{\dfrac{\tau_{2\max} - \tau_{2\min}}{2} + F'_x h_{ankle} + m_{ankle} g \left(\dfrac{l_{foot}}{2} - l_{heel} \right)}{F'_z - m_{ankle} g}$$

$$y_{zmp0} = \frac{M_x}{F_z} = \frac{\dfrac{\tau_{1\max} - \tau_{1\min}}{2} - F'_y h_{ankle}}{F'_z - m_{ankle} g}$$

$$\tag{3.3.11}$$

此时,机器人的支撑脚踝关节力矩调节裕量最大,对外部干扰的控制补偿能力也最大.

3.4 考虑地面反力分布的仿人形机器人双足步行稳定性

双足稳定步行的最大挑战之一就是如何保证处于支撑状态的脚与地面相对瞬时静止,使机器人在步行过程中不至发生倾覆与滑动. 显然,地面给予机器人的有效的支撑与支撑区域内地面反力分布有关. 本节主要从地面反力分布的角度来研究双足步行机器人单支撑

期的步行稳定性问题.

自从 Vukobratovic[85] 等人提出零力矩点（ZMP）概念以来，ZMP
已经成为很多学者在双足步行研究中判别步行稳定性一个重要概念
和工具. 但目前关于 ZMP 的多个定义的不尽一致，造成了理解和研
究上的一些困扰，也混淆了地面反力和机器人所受的重力与惯性力
的合力的区别，客观上造成了对支撑脚与地面实际接触状况的研究
的漠视. 本文采用的 ZMP 的定义为：ZMP 是指机器人重力与惯性力
的合力在地面的投影，在该点处，合力的力矩为 0. 步行机器人的支撑
域是指由支撑脚脚底板触地点所构成的凸形最大区域在地面的投
影. 该 ZMP 定义可以用于表征步态规划阶段的机器人稳定性，因为
不稳定的规划步态，会使 ZMP 位于支撑域之外. 当然在实际行走中，
机器人为了获得地面的有效支撑，将会偏离不稳定的规划步态，使实
际的 ZMP 仍然落于支撑域之内. 也就是说，不稳定的规划步态不具
有物理可实现性.

本文另外定义一个反映支撑脚与地面的接触状况的指标：地
面支反力中心（Center of Ground Reacting
Normal Force，CF）. 建立如图 3.4 所示地基坐
标系，地面作用到机器人支撑脚上的支反力实
际上是分布的，其等效的集中力作用点就称为
地面支反力的中心，分布的支反力相对该点
（x_{CF}，y_{CF}）的力矩 $M_{CFx} = 0$，$M_{CFy} = 0$.

另外，支撑脚与地面的相对瞬时静止，包
括机器人不发生 z 方向的跳起、绕支撑脚 x、
y 轴的翻转、沿着地面 x、y 方向的滑移和绕
支撑脚 z 轴的滑转. 而 ZMP 仅仅联系了机

图 3.4　基坐标系设置

器人发生绕支撑脚边缘的倾覆问题，而没有考虑摩擦力所造成的
机器人沿水平方向的滑动和绕垂直于地面 z 轴方向的滑转问题.
本文将给出完整的维持支撑脚与地面相对瞬时静止的动力学稳
定条件.

3.4.1 支撑脚/地接触面支反力分布

（1）支撑脚/地全接触时支反力分布

参见图 3.5(a)所示,将机器人的受力(除地面反力外)向支撑脚脚底板中心简化,得到三个作用力 (F_x、F_y、F_z) 和三个作用力矩 (M_x、M_y、M_z). 显然,要保持支撑脚固定不动,则地面反力(包括支反力 P_z 和切向反力 P_t)的分布必须能够平衡这些作用力/力矩.

假设机器人的脚底下面一层为弹性材料(实际的机器人常采用的方案),则该层弹性材料夹在两个刚性材料之间(支撑脚与地面之间). 因此该弹性材料在受到地面支反力作用时,上下二面分别与支撑脚和地面接触,该弹性体在垂直脚底面方向上的变形呈平面线形分布 ($a + bx + cy$). 设该弹性体在垂直脚底面方向上的弹性系数为 K,则支反力的分布为 $p_z(x, y) = K(a+bx+cy)$. 支反力的分布与机器人所受的力 F_x 和力矩 M_x、M_y 有关. 以脚底中心点为坐标系原点,建立如图 3.5(b)所示的基坐标系,其中 x 轴为机器人前进方向, z 轴垂直向上. 脚底板的长和宽分别为 $2L$ 和 $2W$,如图 3.5(c)所示, 其底部中间开有长 $2S$ 的槽.

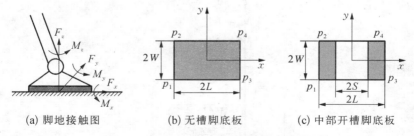

(a) 脚地接触图   (b) 无槽脚底板   (c) 中部开槽脚底板

图 3.5　支撑脚与地面的接触状况示意图

分布的支反力 $K(a + bx + cy)$ 相对基坐标系原点的等效力与力矩为:

$$F_z' = \int_{-L}^{L} \int_{-W}^{W} K(a + bx + cy)\mathrm{d}y\mathrm{d}x -$$

$$\int_{-S}^{S}\int_{-W}^{W} K(a + bx + cy)\mathrm{d}y\mathrm{d}x$$

$$= 4aKW(L - S) \tag{3.4.1}$$

$$M_x' = \int_{-L}^{L}\int_{-W}^{W} K(a + bx + cy)y\mathrm{d}y\mathrm{d}x -$$

$$\int_{-S}^{S}\int_{-W}^{W} K(a + bx + cy)y\mathrm{d}y\mathrm{d}x$$

$$= \frac{4}{3}cKW^3(L - S) \tag{3.4.2}$$

$$M_y' = \int_{-L}^{L}\int_{-W}^{W} K(a + bx + cy)(-x)\mathrm{d}y\mathrm{d}x -$$

$$\int_{-S}^{S}\int_{-W}^{W} K(a + bx + cy)(-x)\mathrm{d}y\mathrm{d}x$$

$$= -\frac{4}{3}bKW(L^3 - S^3) \tag{3.4.3}$$

由机器人的力与力矩的平衡方程:

$$\begin{cases} F_z' + F_z = 0 \\ M_x' + M_x = 0 \\ M_y' + M_y = 0 \end{cases} \tag{3.4.4}$$

解得:

$$\begin{cases} a = \dfrac{-F_z}{4KW(L - S)} \\ b = \dfrac{3M_y}{4KW(L^3 - S^3)} \\ c = \dfrac{3M_x}{4KW^3(S - L)} \end{cases} \tag{3.4.5}$$

为了保证支撑腿始终与地面保持接触,要求 $F_z \leqslant 0$,为方便起见,引入一个新的量 $F_z^+ = -F_z \geqslant 0$,则支反力的分布函数:

$$p_z(x,\ y) = \frac{(L^2 + LS + S^2)W^2 F_z^+ - 3(L^2 + LS + S^2)M_x y + 3W^2 M_y x}{4W^3(L^3 - S^3)}$$

$$(3.4.6)$$

由式(3.4.6)可知,支反力的分布实际上与弹性系数 K 无关,也就是说,不管支撑脚与地面为刚性接触还是弹性接触,其支反力分布均呈平面线性分布.

由于支撑脚与地面间为单向作用,即在任意点处均要满足: $p_z(x,\ y) \geqslant 0$,即:

$$\frac{(L^2 + LS + S^2)W^2 F_z^+ - 3(L^2 + LS + S^2)M_x y + 3W^2 M_y x}{4W^3(L^3 - S^3)} \geqslant 0$$

$$(3.4.7)$$

由于支反力为平面线性分布,则肯定在边角点处取得最小值. 四个边角点分别为:$\{P_1(-L,\ -W),\ P_2(-L,\ W),\ P_3(L,\ -W),\ P_4(L,\ W)\}$,不失一般性,假设 $M_x \geqslant 0,\ M_y \geqslant 0$,则 p_z 在 P_2 点处取得最小值(在其他的情况下,最小值将发生在别的角点处,但最小值不变).

$$P_{z\min} = \frac{(L^2 + LS + S^2)WF_z^+ - 3(L^2 + LS + S^2)M_x - 3LWM_y}{4W^2(L^3 - S^3)} \geqslant 0$$

$$(3.4.8)$$

同时考虑最小值取在其他角点处,即不限定 $M_x \geqslant 0,\ M_y \geqslant 0$,则对于 M_x、M_y 任意取值的情况下,上式变为:

$$P_{z\min} = \frac{(L^2 + LS + S^2)WF_z^+ - 3(L^2 + LS + S^2)|M_x| - 3LW|M_y|}{4W^2(L^3 - S^3)} \geqslant 0$$

$$(3.4.9)$$

因为支撑脚与地面间为单向作用,故要求:

$$(L^2 + LS + S^2)WF_z^+ - 3(L^2 + LS + S^2)|M_x| - 3LW|M_y| \geqslant 0$$

$$(3.4.10)$$

式(3.4.10)即为仿人形机器人的支撑脚与地面全接触的稳定性条件.

可以看出,增加 F_z 有助于保证支撑脚与地面间的接触;而 $|M_x|$、$|M_y|$ 的增加则不利于保证支撑脚与地面间的接触. 在 $|M_x|$ 不变时,为平衡 $|M_y|$,L 越大越好. 这与实际情况符合,实际的机器人为了增加稳定性,往往增加脚的长度. 同理,在 $|M_y|$ 不变时,为平衡 $|M_x|$,W 越大越好.

（2）脚底板开槽与不开槽的比较

如果脚底中部不开槽（即 $S = 0$）,则式(3.4.10)可以写为:

$$LWF_z^+ - 3L\,|\,M_x\,| - 3W\,|\,M_y\,| \geqslant 0 \qquad (3.4.11)$$

假设上式满足,则:$WF_z \geqslant 3\,|\,M_x\,|$,脚底有槽的稳定性公式左边可以写为:

$$(L^2 + LS + S^2)WF_z^+ - 3(L^2 + LS + S^2)\,|\,M_x\,| - 3LW\,|\,M_y\,|$$
$$= L(LWF_z^+ - 3L\,|\,M_x\,| - 3W\,|\,M_y\,|) + (LS +$$
$$S^2)(WF_z^+ - 3\,|\,M_x\,|) \geqslant 0 \qquad (3.4.12)$$

即只要脚底无槽时满足支反力始终大于零的条件,则脚底中部有槽时支反力肯定也满足始终大于零的条件,即脚底中部开槽的稳定性比没有开槽的好,这是因为原本由中部开槽部位承担的支应力转嫁到其他部分上,提高了最小支应力的取值,这也是许多仿人双足行走机器人在脚底板中部开槽的一个重要原因. 为了研究的方便,本文下面均以无槽的情况进行.

（3）与传统的 ZMP 条件的比较

地面支反力的中心（x_{CF}, y_{CF}）

$$M_{CFx} = \int_{-L}^{L} \int_{-W}^{W} P_z(x, y) \times (y - y_{CF})\mathrm{d}y\,\mathrm{d}x$$

$$= 0 \Rightarrow y_{CF} = \frac{M_x}{F_z} = \frac{-M_x}{F_z^+} = y_{zmp}$$

$$M_{CFy} = \int_{-L}^{L} \int_{-W}^{W} P_z(x, y) \times (-(x - x_{CF}))\mathrm{d}y\,\mathrm{d}x$$

$$= 0 \Rightarrow x_{CF} = \frac{-M_y}{F_z} = \frac{M_y}{F_z^+} = x_{zmp} \qquad (3.4.13)$$

由式(3.4.13)可知,在 ZMP 不超出支撑域时,虽然 CF 和 ZMP 的物理意义不同,但两者数值上是相等的.

将上式代入式(3.4.11),可得:

$$LW - 3L \mid y_{CF} \mid - 3W \mid x_{CF} \mid \geqslant 0 \qquad (3.4.14)$$

要满足此条件,支反力中心只能位于如图 3.6 所示的阴影区域内.

传统的步行机器人动态步行的稳定性条件:行走过程中 ZMP 始终保持在稳定支撑域内,以保证机器人不绕 x、y 轴发生翻转. 由 D'Alembert 定理可得 ZMP 稳定性条件的计算公式:

$$-L \leqslant x_{zmp} = -\frac{M_y}{F_z} \leqslant L$$

$$-W \leqslant y_{zmp} = \frac{M_x}{F_z} \leqslant W \qquad (3.4.15)$$

ZMP 稳定性区域如图 3.6 所示. 可以看出,CF 全接触可行域比 ZMP 稳定性区域小很多,满足 ZMP 稳定性要求,却不一定满足支撑脚与地面全接触稳定性条件. 这是因为 ZMP 稳定性条件没有考虑支撑脚与地面之间的实际支撑接触状况,并不能保证脚与地面间的全接触. 当 ZMP 点位于支撑域内边界附近时,即虚拟的等效集中力作用点位于支撑域内边界附近时,ZMP 稳定性条件显然满足. 但是由于支反力呈单向、线性平面分布,实际的分布支反力

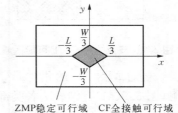

图 3.6 ZMP 稳定域与 CF 全接触域

的虚拟等效集中力作用点不可能它位于边界附近. 如果出现这种情况,支反力分布的平面线性特性将被破坏. 在传统的 ZMP 稳定性判

据中,x、y 方向的条件是互不相关的;但由于地面支反力的实际分布的影响,在全接触条件中互相耦合.

在脚与地面为刚性接触的情况下,支撑脚与地面间要保持稳定接触必须满足支撑脚与地面之间的全接触稳定性条件.

(4) 支撑脚/地部分接触时支反力分布

如果支撑脚与地面之间为弹性接触,当 $LWF_z^+ - 3L|M_x| - 3W|M_y| \leqslant 0$, 但 $\left(-L \leqslant \dfrac{-M_y}{F_z} \leqslant L \text{ 且 } -W \leqslant \dfrac{M_x}{F_z} \leqslant W\right)$, 即 ZMP 稳定性条件满足但全接触条件不满足,由于弹性材料发生变形,可以允许支撑脚的脚底板部分不与地面接触. 不影响问题一般性,假设 $M_x \geqslant 0$, $M_y \geqslant 0$, 则支反力中心 CF 将位于支撑面的右下部分,如图 3.7 所示,$0 \leqslant x_{CF} \leqslant L$,$-W \leqslant y_{CF} \leqslant 0$. 在支撑脚底的四个角点中,$p_3$ 点处的支反力最大,其对角点 p_2 附近区域与地面不发生接触.

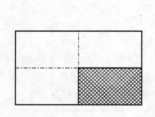 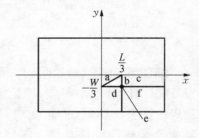

图 3.7 支反力中心 CF 可能区域　　图 3.8 不同接触状态的 CF 分布图

随着 M_x, M_y 的相对 F_z 增大,脚底与地面间的接触状态由全接触(图 3.9(a))逐渐转为各类部分接触(图 3.9(b)~(f)),根据对各类接触状况的极限状态的计算,可以知道脚底与地面的不同接触状况所对应的支反力中心将分别位于图 3.8 中的 a、b、c、d、e、f 区域内.

下面以图 3.9(b)的接触状态为例,说明部分接触时接触面上分布支反力的计算过程,其他部分接触状况的计算与之类同.

设脚地接触面与非接触面的分界线经过的两点 $\{(x_1, y_1),(x_2, y_2)\}$ 的坐标为 $\{(-L, W-v),(-L+u, W)\}$,该分界线的直线方程

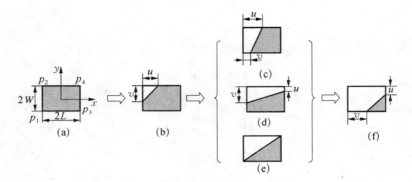

图 3.9 支撑脚与地面的部分接触的几种状况

为：

$$y' = \frac{y_1 x_2 - y_2 x_1}{x_2 - x_1} + \frac{y_2 - y_1}{x_2 - x_1}x = (W - v + \frac{Lv}{u}) + \frac{v}{u}x$$

$$(3.4.16)$$

分布支反力积分区间为：

$$\int_{-L+u}^{L}\int_{-W}^{W}f(x, y)\mathrm{d}y\mathrm{d}x + \int_{-L}^{-L+u}\int_{-W}^{y'}f(x, y)\mathrm{d}y\mathrm{d}x \quad (3.4.17)$$

设实际接触面上支反力的分布 $p_z(x, y) = (a + bx + cy)$，其相对基坐标原点的等效集中力 F_z' 和力矩 M_x'、M_y' 为：

$$F_z' = \int_{-L+u}^{L}\int_{-W}^{W}p_z(x, y)\mathrm{d}y\mathrm{d}x + \int_{-L}^{-L+u}\int_{-W}^{y'}p_z(x, y)\mathrm{d}y\mathrm{d}x$$

$$(3.4.18)$$

$$M_x' = \int_{-L+u}^{L}\int_{-W}^{W}p_z(x, y)y\mathrm{d}y\mathrm{d}x + \int_{-L}^{-L+u}\int_{-W}^{y'}p_z(x, y)y\mathrm{d}y\mathrm{d}x$$

$$(3.4.19)$$

$$M_y' = \int_{-L+u}^{L}\int_{-W}^{W}p_z(x, y)(-x)\mathrm{d}y\mathrm{d}x$$

$$+ \int_{-L}^{-L+u} \int_{-W}^{y'} p_z(x, y)(-x)\mathrm{d}y\mathrm{d}x \qquad (3.4.20)$$

由分界线直线方程和机器人的力/力矩平衡条件方程组：

$$a + bx_1 + cy_1 = 0$$

$$a + bx_2 + cy_2 = 0$$

$$F_z' + F_z = 0 \qquad (3.4.21)$$

$$M_x' + M_x = 0$$

$$M_y' + M_y = 0$$

由这五个方程可以解出 $\{a, b, c, u, v\}$ 五个变量,进而得到接触面上支反力的分布 $p_z(x, y)$.

随着 M_x, M_y 相对 F_z 的增加,CF 点将达到支撑域的边界. 如果 M_x, M_y 仍然继续增加,ZMP 将超出支撑区域,机器人为了获得地面的有效支撑,将会发生非期望的翻转,偏离不稳定的规划步态,使实际的 ZMP 仍然落于支撑域的边界上. 当然,CF 点不可能超出支撑域的边界之外,将保持在支撑域的边界上.

3.4.2 支撑脚/地接触面切向力分布

机器人双足步行时支撑脚脚部的弹性变形很微小,由此引起的支反力在地面的切向分力可以忽略不计.

（1）滑移

在机器人的支撑脚即将相对地面发生滑动时,支撑面上各点的切向力同时达到最大静摩擦力,同时发生滑移. 接触面上任一点的切向力相对该点处的支反力的比例关系在整个接触面上保持不变. 设 x, y 方向的比例系数分别为 k_x、k_y,则地面作用到支撑脚的切向力：

$$F_x' = \iint_\Delta k_x p_z(x, y)\mathrm{d}x\mathrm{d}y = k_x \iint_\Delta p_z(x, y)\mathrm{d}x\mathrm{d}y$$

$$= k_x F_z^+ = F_x \Rightarrow k_x = \frac{F_x}{F_z^+} \qquad (3.4.22)$$

$$F_y' = \iint\limits_{\Delta} k_y p_z(x, \ y)\mathrm{d}x\mathrm{d}y = k_y \iint\limits_{\Delta} p_z(x, \ y)\mathrm{d}x\mathrm{d}y$$

$$= k_y F_z^+ = F_y \Rightarrow k_y = \frac{F_y}{F_z^+} \qquad (3.4.23)$$

支撑脚与地面间的接触面上任一点处的切向合力为 $\vec{f_{xy}} = k_x p_z(x, y)i + k_y p_z(x, y)j$，为了保证不发生切向滑移，须满足：

$$\mid \vec{f_{xy}} \mid = \sqrt{(k_x p_z(x, \ y))^2 + (k_y p_z(x, \ y))^2}$$

$$= \sqrt{k_x^2 + k_y^2} \, p_z(x, \ y) \leqslant \mu_{\max} p_z(x, \ y) \qquad (3.4.24)$$

即： $\qquad \sqrt{k_x^2 + k_y^2} \leqslant \mu_{\max}, \ \Rightarrow \sqrt{F_x^2 + F_y^2} \leqslant \mu_{\max} F_z^+ \qquad (3.4.25)$

式中 $\mu_{\max}$ 为脚底与地面间的最大静摩擦系数.

由此可知，滑移的发生与否与 $\mu_{\max}$、F_x、F_y、F_z 有关.

（2）滑转

以地面支反力中心 CF(x_{CF}，y_{CF}）处为原点，设立一个新坐标系 $X'Y'Z'$. 在仅有滑转力矩时的切向力的分布应满足：x、y 方向上合力为 0，绕 CF 点的合力矩等于 $-M_z$. 参见图 3.10. 在任一点 (x', y') 处，由滑转离矩导致的切向力 $\vec{f_{rz}}$ 的方向为：$-y'i + x'j = -(y - y_{\mathrm{CoP}})i + (x - x_{\mathrm{CoP}})j$，切向力：

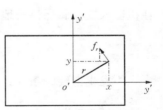

图 3.10　任一点滑转切向力示意图

$$\vec{f_{rz}} = k_a(-(y - y_{\mathrm{CoP}})i + (x - x_{\mathrm{CoP}})j) \times p_z(x, \ y) \qquad (3.4.26)$$

显然，在 x、y 方向上的合力：

$$\hat{F}_x = \iint_\Delta \vec{f}_{rz} i \, dx dy = \iint_\Delta k_a (-(y - y_{CoP})) p_z(x, y) dx dy = 0$$

(3.4.27)

$$\hat{F}_y = \iint_\Delta \vec{f}_{rz} j \, dx dy = \iint_\Delta k_a (x - x_{CoP}) p_z(x, y) dx dy = 0$$

(3.4.28)

相对 CF 点的合力矩：

$$\hat{M}_z = \iint_\Delta k_a(-(y - y_{CoP})i + (x - x_{CoP})j) p_z(x, y) \times$$

$$(-(y - y_{CoP})i + (x - x_{CoP})j) dx dy$$

$$= k_a \iint_\Delta ((x - x_{CoP})^2 + (y - y_{CoP})^2) p_z(x, y) dx dy$$

$$= -M_z \Rightarrow k_a$$

$$= \frac{-M_z}{\iint_\Delta ((x - x_{CoP})^2 + (y - y_{CoP})^2) p_z(x, y) dx dy}$$

(3.4.29)

在机器人支撑脚保持与地面全接触的情况下，

$$k_a = \frac{3F_z M_z}{F_z^2(L^2 + W^2) - 3(M_x^2 + M_y^2)}$$

(3.4.30)

不发生滑转的条件：

$$|\sqrt{(y - y_{CoP})^2 + (x - x_{CoP})^2} k_a p_z(x, y)| \leqslant \mu_{max} p_z(x, y)$$

(3.4.31)

$$\Rightarrow |\sqrt{(y - y_{CoP})^2 - (x - x_{CoP})^2}| \left| \frac{3F_z^+ |M_z|}{F_z^2(L^2 + W^2) - 3(M_x^2 + M_y^2)} \right|$$

$$\leqslant \mu_{max}$$

(3.4.32)

显然，离 CF 点最远的点为四个角点之一，距离为：

$$\sqrt{(L+\mid x_{CF}\mid)^2+(W+\mid y_{CF}\mid)^2}$$

$$=\sqrt{\left(L+\frac{\mid M_y\mid}{F_z^+}\right)^2+\left(W+\frac{\mid M_x\mid}{F_z^+}\right)^2} \qquad (3.4.33)$$

因此要求:

$$\mid M_z\mid\leqslant\frac{F_z^2(L^2+W^2)-3(M_x^2+M_y^2)}{3\sqrt{(F_z^+L+\mid M_y\mid)^2+(F_z^+W+\mid M_x\mid)^2}}\mu_{\max}$$

$$(3.4.34)$$

可知滑转的发生与否不仅与 M_z、$\mu_{\max}$ 有关,同时与 F_x、M_x、M_y 有关.

(3) 滑移与滑转综合

在滑移与滑转均存在的情况下,任一点的切向力为:

$$\vec{f}_t=\vec{f}_{xy}+\vec{f}_{rz}$$

$$=k_xi\times p_z(x,y)+k_yj\times p_z(x,y)+$$

$$k_a(-(y-y_{CoP})i+(x-x_{CoP})j)\times p_z(x,y)$$

$$=[(k_x-k_a(y-y_{CoP}))i+(k_y+$$

$$k_a(x-x_{CoP}))j]\times p_z(x,y) \qquad (3.4.35)$$

根据摩擦原理,有:

$$\mid\vec{f}_t\mid\leqslant\mu_{\max}p_z(x,y)$$

$$\Rightarrow\sqrt{(k_x-k_a(y-y_{CoP}))^2+(k_y+k_a(x-x_{CoP}))^2}\leqslant\mu_{\max}$$

$$\Rightarrow\text{Sqrt}\Big[\Big(\frac{F_x}{F_z^+}-\frac{3F_zM_z}{F_z^2(L^2+W^2)-3(M_x^2+M_y^2)}\Big(y+\frac{M_x}{F_z^+}\Big)\Big)^2+$$

$$\Big(-\frac{F_y}{F_z^+}+\frac{3F_zM_z}{F_z^2(L^2+W^2)-3(M_x^2+M_y^2)}\Big(x-\frac{M_y}{F_z^+}\Big)\Big)^2\Big]\leqslant\mu_{\max}$$

$$(3.4.36)$$

式中 $x \in [-L, L]$，$y \in [-W, W]$

不等式左边的最大取值为：

$$x_{\max} = \left(\left| \frac{F_x}{F_z^+} - \frac{3M_x M_z}{F_z^2(L^2+W^2)-3(M_x^2+M_y^2)} \right| + \right.$$

$$\left. \frac{3F_z \mid M_z \mid}{F_z^2(L^2+W^2)-3(M_x^2+M_y^2)} W \right)^2$$

$$y_{\max} = \left(\left| \frac{F_y}{F_z^+} - \frac{3M_y M_z}{F_z^2(L^2+W^2)-3(M_x^2+M_y^2)} \right| + \right.$$

$$\left. \frac{3F_z \mid M_z \mid}{F_z^2(L^2+W^2)-3(M_x^2+M_y^2)} L \right)^2$$

则： $$\sqrt{x_{\max}+y_{\max}} \leqslant \mu_{\max} \tag{3.4.37}$$

上式即为机器人不发生滑移与滑转的充要条件.

3.5 仿人形机器人上下台阶的几何约束条件

目前关于平面步行的研究很多,但双足步行优于一般移动方式
的一个很重要特点是它可以上下楼梯及台
阶. 在上下台阶过程中,不但有机器人结构
参数的限制而导致的结构约束,还有台阶对
机器人的环境约束. 在研究机器人上下台阶
的步态时,应保证满足这些的几何约束
条件.

机器人在双足步行中,侧向运动对前向
运动影响较小,为便于分析,一般可对前向
运动单独建模分析,表示为如图 3.11 所示
的七连杆模型. 针对本文研究的前向运动,
机器人的运动轨迹可以由脚踝的轨迹和髋
部的轨迹来表示,再根据逆运动学导出关节

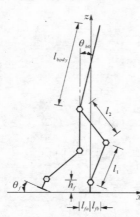

图 3.11 前向模型

空间的运动轨迹. 髋部的运动轨迹可以用矢量 $\boldsymbol{P}_h = [x_h(t), z_h(t), \theta_h(t)]^{\mathrm{T}}$ 来表示. 其中 $(x_h(t), z_h(t))$ 是髋部的笛卡儿坐标, $\theta_h(t)$ 是上体的倾角. 一般设计机器人上体匀速直线前进, 即 $x_h(t) = x_{h0} + \dfrac{2W}{T}t$, $z_h(t) = z_{h0} + \dfrac{2H}{T}t$, 其中, T 为步行周期, W 与 H 分别代表台阶的宽度与高度. x_{h0}, y_{h0} 为上体位置的初始值, 对上体而言, 只要给定了初始值, 其运动轨迹就确定了. 在步态规划脚踝的运动轨迹可以用矢量 $\boldsymbol{P}_f = [x_f(t), z_f(t), \theta_f(t)]^{\mathrm{T}}$ 表示. 其中 $(x_f(t), z_f(t))$ 是脚踝的笛卡儿坐标, $\theta_f(t)$ 是脚与地面的倾角.

3.5.1　机器人上台阶时的几何约束条件

3.5.1.1　支撑腿几何约束条件

(1) 支撑腿连杆长度的结构约束条件:

$$x_h(t)^2 + (z_h(t) - h_f(t))^2 \leqslant (l_1 + l_2)^2 \tag{3.5.1}$$

由于髋部为直线运动, 故只要起脚和落脚时满足上述约束, 则整个移动过程都会满足条件.

$$\begin{cases} x_{h0}^2 + (z_{h0} - h_f)^2 \leqslant (l_1 + l_2)^2 & \text{起脚时} \\ (x_{h0} + w)^2 + (z_{h0} - h_f + H)^2 \leqslant (l_1 + l_2)^2 & \text{落脚时} \end{cases}$$
$$\tag{3.5.2}$$

(2) 支撑腿小腿连杆与台阶的碰撞约束条件:

设小腿连杆与台阶接触时膝关节处的位置为 (x_{kc}, z_{kc}), 当脚踝高度 $h_f \leqslant \dfrac{H}{2}$ 时, 如图 3.12 所示,

$$\sin \zeta = \frac{H - h_f}{\sqrt{(H - h_f)^2 + \left(\dfrac{w}{2}\right)^2}} = \frac{z_{kc}}{l_1} \Rightarrow z_{kc}$$

$$= \frac{l_1(H - h_f)}{\sqrt{(H - h_f)^2 + \left(\dfrac{w}{2}\right)^2}}$$

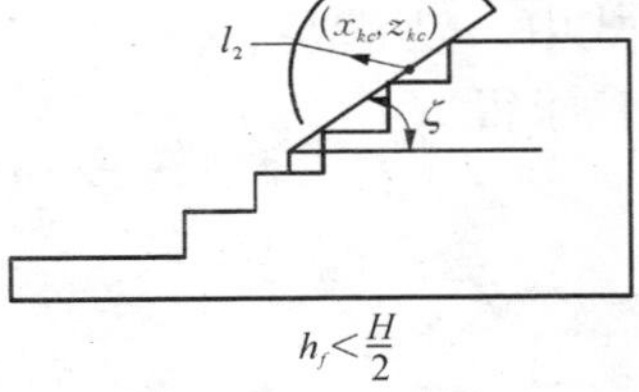

图 3.12　碰撞示意图 A

$$= \frac{2l_1(H-h_f)}{\sqrt{4(H-h_f)^2+w^2}} \qquad (3.5.3)$$

$$\cos \zeta = \frac{\dfrac{w}{2}}{\sqrt{(H-h_f)^2+\left(\dfrac{w}{2}\right)^2}} = \frac{x_{kc}}{l_1} \Rightarrow$$

$$x_{kc} = \frac{l_1\dfrac{w}{2}}{\sqrt{(H-h_f)^2+\left(\dfrac{w}{2}\right)^2}} = \frac{l_1 w}{\sqrt{4(H-h_f)^2+w^2}}$$

$$(3.5.4)$$

当 $h_f > \dfrac{H}{2}$ 时，设膝关节处的位置为 (x_{kc}, z_{kc})，如图 3.13 所示，位于第 i 个台阶的上面，与第 $i+1$ 个台阶的交点坐标为 (x'_{kc}, z'_{kc}).

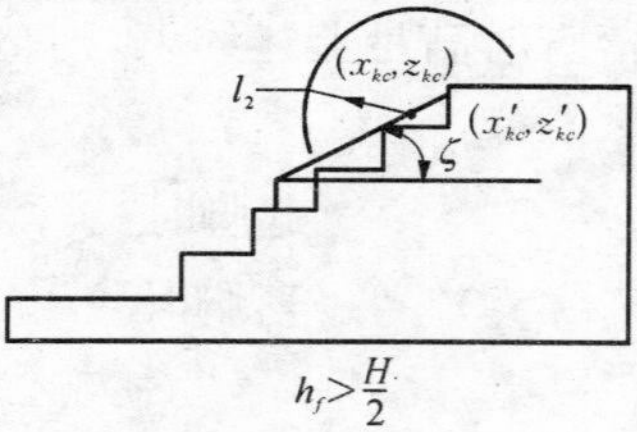

$$\text{tg } \zeta = \frac{iH-h_f}{\left(i-\dfrac{1}{2}\right)w} = \frac{z'_{kc}}{\left(i+\dfrac{1}{2}\right)w} \Rightarrow z'_{kc}$$

$$= \frac{\left(i+\dfrac{1}{2}\right)(iH-h_f)}{\left(i-\dfrac{1}{2}\right)} \qquad (3.5.5)$$

图 3.13　碰撞示意图 B

$$x'_{kc} = \left(i+\dfrac{1}{2}\right)w \qquad (3.5.6)$$

式中，i 为满足 $x'^2_{kc} + z'^2_{kc} \geqslant l_1^2$ 条件的最小的自然数，可以用枚举法求得.

$$\cos \zeta = \frac{l_1}{\sqrt{\left(i+\dfrac{1}{2}\right)^2\left[w^2+\left[\dfrac{iH-h_f}{i-\dfrac{1}{2}}\right]^2\right]}}$$

$$= \frac{x_{kc}}{\left(i+\frac{1}{2}\right)w} \Rightarrow x_{kc}$$

$$= \frac{l_1 w\left(i-\frac{1}{2}\right)}{\sqrt{\left(i-\frac{1}{2}\right)^2 w^2 + (iH-h_f)^2}} \qquad (3.5.7)$$

同理可得：$z_{kc} = \dfrac{l_1(iH-h_f)}{\sqrt{\left(i-\frac{1}{2}\right)^2 w^2 + (iH-h_f)^2}}$ $\qquad (3.5.8)$

所以,支撑腿小腿连杆不与台阶发生碰撞的环境约束条件为:

$$(x_h - x_{kc})^2 + (z_h - z_{kc})^2 \geqslant l_2^2 \qquad (3.5.9)$$

3.5.1.2 摆动腿几何约束条件

(1) 同理可得摆动腿连杆长度的结构约束条件:

起脚时:

$$(x_{h0} + w)^2 + [z_h - (h_f - H)]^2 \leqslant (l_1 + l_2)^2 \qquad (3.5.10)$$

与支撑腿的落脚时的杆长约束条件相同.

落脚时:

$$x_h^2 + (z_h - h_f)^2 \leqslant (l_1 + l_2)^2 \qquad (3.5.11)$$

与支撑腿的起脚时的杆长约束条件相同.

(2) 摆动腿小腿连杆与台阶的碰撞约束条件:

a. 起脚时:

当 $h_f \leqslant \dfrac{H}{2}$ 时,设摆动腿膝关节处的位置为 $(\widetilde{x}_{kc0}, \widetilde{z}_{kc0})$,

$$\widetilde{z}_{kc0} = \frac{2l_1(H-h_f)}{\sqrt{4(H-h_f)^2 + w^2}} - H$$

$$\qquad (3.5.12)$$

$$\widetilde{x}_{kc0} = \frac{l_1 w}{\sqrt{4(H-h_f)^2 + w^2}} - w$$

当 $h_f > \dfrac{H}{2}$ 时,有:

$$\widetilde{x}_{kc0} = \frac{l_1 w \left(i - \dfrac{1}{2} \right)}{\sqrt{\left(i - \dfrac{1}{2} \right)^2 w^2 + (iH - h_f)^2}} - w \tag{3.5.13}$$

$$\widetilde{z}_{kc0} = \frac{l_1 (iH - h_f)}{\sqrt{\left(i - \dfrac{1}{2} \right)^2 w^2 + (iH - h_f)^2}} - H$$

摆动腿小腿与台阶不发生碰撞的环境约束条件:

$$(x_{h0} - \widetilde{x}_{kc0})^2 + (z_{h0} - \widetilde{z}_{kc0})^2 \geqslant l_2^2 \tag{3.5.14}$$

　　b. 落脚时,髋关节处的坐标为

$$z_{he} = z_{h0} + H \tag{3.5.15}$$
$$x_{he} = x_{h0} + w$$

摆动腿小腿连杆与台阶接触时膝关节的极限位置为:

$$\widetilde{z}_{kce} = \widetilde{z}_{kc0} + 2H \tag{3.5.16}$$
$$\widetilde{x}_{kce} = \widetilde{x}_{kc0} + 2w$$

则摆动腿小腿与台阶不发生碰撞的环境约束条件为:

$$(x_{he} - \widetilde{x}_{kce})^2 + (z_{he} - \widetilde{z}_{kce})^2 \geqslant l_2^2$$
$$\Rightarrow (x_{h0} - \widetilde{x}_{kc0} - w)^2 + (z_{h0} - \widetilde{z}_{kc0} - H)^2 \geqslant l_2^2 \tag{3.5.17}$$

　　另外,为了防止机器人发生倾覆,机器人的重心应该尽可能位于支撑内,由此给出髋部初始位置的左右大致边界.

　　综合以上条件,得到上台阶时髋部初始位置的可行域如图 3.14 所示.

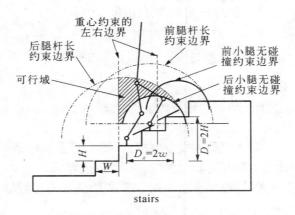

图 3.14 髋部初始位置可行域

3.5.2 机器人下台阶时的几何约束条件

下台阶时,由于前方为足够空间,所以没有小腿连杆与台阶发生接触的环境约束问题.

连杆长度的结构约束条件:

$$x_h(t)^2 + (z_h(t) - h_f(t))^2 \leqslant (l_1 + l_2)^2 \qquad (3.5.18)$$

支撑腿连杆长度的结构约束条件:

摆动腿起脚时:

$$x_{h0}^2 + (z_{h0} - h_f)^2 \leqslant (l_1 + l_2)^2 \qquad (3.5.19)$$

摆动腿落脚时:

$$(x_{h0} + w)^2 + [z_{h0} - (h_f + H)]^2 \leqslant (l_1 + l_2)^2 \qquad (3.5.20)$$

同理可得摆动腿的杆长约束条件:

起脚时:

$$(x_{h0} + w)^2 + [z_{h0} - (h_f + H)]^2 \leqslant (l_1 + l_2)^2 \qquad (3.5.21)$$

与支撑腿的结束时的杆长约束条件相同.

起脚时:

$$(x_{h0} + w - w)^2 + [z_{h0} - H - (h_f - H)]^2 \leqslant (l_1 + l_2)^2$$

(3.5.22)

与支撑腿的起始时的杆长约束条件 $x_{h0}^2 + (z_{h0} - h_f)^2 \leqslant (l_1 + l_2)^2$
相同.

另外,为了防止机器人发生倾覆,机器人的重心应该尽可能位于
支撑内,由此给出髋部初始位置的左右大致边界.

综合以上条件,得到下台阶时髋部初始位置的可行域如图 3.15
所示.

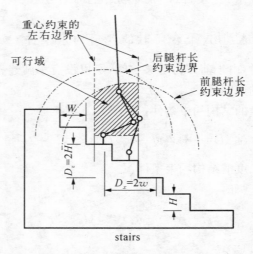

图 3.15　髋部初始位置可行域

3.6　本章小结

针对仿人形机器人两足行走时易于倾覆的步行稳定性问题,本

章首先给出了反映静稳定性和动态稳定性的机器人重心和 ZMP 的计算公式,作为评价机器人步行稳定性的基本指标.

　　支撑腿踝关节作为机器人中离支撑面最近的可控关节,对 ZMP 的影响最大. 本章首先推导出 ZMP 与支撑腿踝关节驱动力矩之间的更为明晰的关系,给出了关于支撑腿踝关节驱动力矩的步行稳定性约束条件,并研究了支撑腿踝关节驱动单元输出力矩的限制对满足 ZMP 稳定性条件的影响.

　　基于地面支反力中心概念,研究支撑脚与地面间的接触状况. 由地面与支撑脚接触面上支反力的分布状态,分析得到支撑脚与地面保证全接触的稳定性条件. 研究表明,零力矩点 ZMP 和地面支反力中心 CF 是两个有联系的但物理概念不同的指标量. 给出了脚底板中间开槽有助于改善支撑脚与地面之间接触的证明. 本文根据机器人的不同受力状况,分析了支撑脚与地面间的各种可能的接触形态. 根据接触面上切向力的分布规律和摩擦原理,导出了机器人不发生滑移与滑转的充要条件. 综合接触与打滑因素,得到机器人支撑脚相对地面保持固定的步行稳定性充要条件.

　　在仿人形机器人上下台阶的过程中,不但有机器人结构参数的限制而导致的结构约束,还有台阶对机器人的环境约束. 基于几何学和步态规划知识,推导出机器人上下楼梯时台阶对机器人空间运动路径的几何约束.

第四章 双足步行的中步、起步与止步步态规划

4.1 引言

合适的步态规划是实现仿人形机器人双足稳定动态步行的关键之一. 仿人形机器人的步态规划是指根据步行环境情况和步态参数要求以及保证稳定步行约束条件的前提下,确定机器人步行系统的各关节运动在时序和空间上的一种协调关系,这个协调关系可以用各关节运动的一组时间函数来表示.

双足步行的步态规划方法主要有离线规划、在线规划以及离线规划加在线修正三种方式. 离线步态轨迹规划由于是事先规划好各个关节的运动,因此对于外界环境的适应能力较差. 在线修正方法在离线规划的基础上和保证步行稳定性的前提下,根据传感器反馈的动力学信息对步态及时地加以修正以期获得稳定的步行和一定的环境适应能力. 在线步态规划方法完全根据传感器信息实时地、完全自主地进行步态轨迹规划,因此具有很强的灵活性和环境适应能力,但实现难度最大,目前还难以应用.

分析综合法是一种常见步态规划的方法,即先根据地面情况确定摆动脚的运动轨迹,再根据步行的周期性和步行稳定性要求确定上体的轨迹,最后根据逆运动学求解出各个关节的运动轨迹.

本章首先给出在仿人形机器人步态分析和设计中常用的基本概念. 提出单步的概念,将仿人形机器人两足步行研究中的"步"的概念

与日常生活中的"步"统一起来.

根据仿人型机器人的质量一般集中在上体,基本可以看作倒立摆模型的特点,本文规划机器人的质心按照倒立摆模型的固有轨迹进行被动运动,充分利用机器人的惯性,规划出省能、稳定性好的自然步态,降低支撑脚踝关节的驱动力矩,增加机器人行走中的稳定裕量.

起步与止步是机器人步行运动中不可或缺的组成部分,但目前针对起步与止步的步态规划研究还不多. 因为加速度是直接与力、力矩以及 ZMP 联系在一起的,所以采用加速度空间规划方法得到起步和止步阶段的前向步态. 根据侧向步态的特点,本文采用过渡函数将中步的侧向步态转化为起步与止步的侧向步态.

4.2 双足步行的基本概念

为了便于对仿人形机器人进行步态分析、规划和优化,首先给出一些与双足步行有关的基本概念.

定义 1

步态:在步行运动过程中,机器人各关节运动在时序和空间上的一种协调关系以及机器人相对环境的时空关系. 通常由各关节角运动轨迹和质心轨迹来描述.

定义 2

起步:是指双足步行机器人从双脚并齐的零位移、零速度的初始站立状态开始到具有平稳周期性步行的中步阶段之前的过渡阶段,也是机器人获得初始步行速度的阶段.

定义 3

中步:步行运动中,两脚交替前后交叉着地,步态呈明显周期性特点的阶段,是步行中的主要阶段.

定义 4

止步:就是机器人由中步的平稳周期性运动,逐渐降低速度,直到速度为 0 的双脚站立的最终静止状态. 机器人支撑的平衡状态也逐渐从动态平衡过渡到静态平衡.

定义 5

单步:在步行运动中,从机器人一侧脚跟着地开始到另一侧脚跟着地构成一个单步. 此概念与我们日常生活中所说的一步的意思一致. 它包括一个双脚支撑期和一个单脚支撑期. 两个相邻的单步构成一个复步. 完成一个单步的时间本文中记为 T_s.

定义 6

复步:在步行运动中,从机器人一侧脚跟着地开始到该脚跟再次着地构成一个复步. 期间两只腿各相继向前迈步一次. 它包括两个双脚支撑期和两个单脚支撑期.

定义 7

单步长——又称为步距 S_s:在步行运动中,机器人左右脚跟(或脚尖)落地位置间的纵向距离. 与我们日常生活中所说的步长概念意思一致.

· **定义 8**

复步长——又称为步周长或周期跨距 S_d:同侧脚跟(或脚尖)相邻两次落地位置间的纵向距离. 也常用机器人上体质心在一个行走周期的移动距离来表示. 一般来说复步长与单步长之间存在如下关系:复步长是一个步行周期中,相邻的两个单步长之和.

定义 9

跨高 H_s:摆动腿在摆动过程中脚底离地面的最大距离,常用于衡量机器人跨越小障碍物和在不平地面行走的能力.

定义 10

腿间距 D_L:两腿中心轴线之间的侧向间距.

定义 11

步行周期 T:是指机器人在周期性的双足行走过程中,完成一个复步所用的时间. 每个周期内左右腿各向前迈步一次,若再细分,每个可以分为四个阶段,双脚支撑期、左脚支撑期、双脚支撑期和右脚支撑期. 不失一般性,本文均假定在一个步行周期中左腿先处于支撑相,右腿离地向前摆动.

定义 12

步频:机器人单位时间内行走的复步数. 与步行周期呈倒数关系.

定义 13

步速:机器人单位时间内相对步行环境所移动的距离. 是衡量机器人步行能力的一个重要指标. 步速等于步频与复步长的乘积.

定义 14

单腿支撑——又称为单脚支撑:机器人仅有一只脚与地面相接触,起支撑作用,此时机器人呈倒立摆形态.

定义 15

双腿支撑——又称为双脚支撑:机器人的双脚均与地面接触,呈支撑状态. 机器人两腿和地面形成一个三角形的闭链形态. 它开始于前脚的脚跟着地,当后脚的脚尖离地时结束. 它是走与跑相区别的一个重要标志,跑没有双脚支撑,而增加双脚腾空的阶段. 根据人类的行走特点,双腿支撑期一般可占一个步行周期的 $8\%\sim25\%$,本文中表示为 T_d.

定义 16

支撑相:在一个步行周期运动中,仿人形机器人某只腿作为支撑腿运动的时期,称为该腿处于支撑相. 支撑相又分为:脚跟着地、脚尖着地,支撑中期,脚跟离地和脚尖离地等动作阶段.

定义 17

摆动相:在一个步行周期运动中,仿人形机器人某只腿作为摆动腿运动的时期,称为该腿处于摆动相. 摆动相又分为:加速期,摆动期和减速期等动作阶段.

对于仿人形机器人来说,在一个步行周期中,其步行周期、双脚支撑期单脚支撑期、步长和步距之间存在如图 4.1 所示的关系.

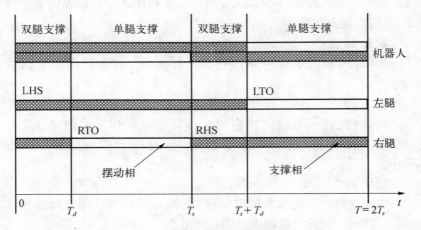

图 4.1 步行运动的时序关系图

图中 LHS 表示左脚跟着地(Left Heel Strike),LTO 为左脚尖离地(Left Toe Off);RHS 为右脚跟着地(Right Heel Strike),RTO 表示右脚尖离地(Right Toe Off).

定义 18

支撑域:在步行运动中,由支撑脚与地面的接触面所组成的凸形区域. 假定支撑脚与地面全接触时,在单脚支撑期,支撑域就是支撑腿的脚掌面;在双脚支撑期,支撑域为两只脚掌触地点所构成的凸形最大区域.

定义 19

有效稳定支撑域:仿人形机器人双足行走系统在受到一定外扰后仍然能够保持稳定步行的 ZMP 的可行点集. 为简化起见,一般可以用支撑域减去一定的稳定裕量后得到的区域表示. 其与支撑域的关系可以用图 4.2 表示..

定义 20

稳度:失去平衡的难易程度,易失去平衡则稳度小,不易失去平衡则稳度大. 常用稳定角表示. 所谓失去平衡,就是机器人发生了非

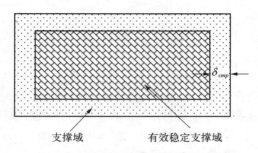

δ_{smp}

支撑域　　　　有效稳定支撑域

图 4.2　有效稳定支撑域与支撑域的关系

期望的支撑脚相对地面的运动.

定义 21

稳定角:重心垂线与重心到支撑域边缘连线之间的夹角,它将影响机器人稳度的机器人重心高度与支撑面大小联系起来. 当重心投影线在某个方向上接近支撑域边缘,则该方向上的稳定角就小,机器人就很容易在此方向失去平衡而倾覆. 在支撑面一定的情况下,重心越高,稳定角就越小;在重心高度一定的情况下,支撑面越大,稳定角也就越大.

定义 22

不稳定平衡:机器人从平衡位置开始,其位置稍微改变,重心下降,同时产生破坏平衡的力矩,此力矩随机器人与平衡位置的偏离程度扩大而增加,从而引起更大的偏离,最终原有的支撑失败. 仿人形机器人在双足行走时总处于下支撑态,属于不稳定平衡.

定义 23

稳定步行:就是机器人在双足步行运动过程中,不发生非期望的支撑脚相对地面的运动.

定义 24

静态步行:在步行运动中,机器人相对支撑脚始终处于静力学平衡状态,则称这一步行是静态步行. 静态稳定步行条件要求机器人重心在地面的投影始终位于有效稳定支撑域内.

定义 25

静态稳定步行 CG 条件:机器人重心在地面的投影始终位于有效
稳定支撑域内.

定义 26

动态步行:在步行运动中,机器人相对支撑脚始终处于动力学平
衡状态,则称这一步行是动态步行. 静态步行是动态步行在低速情况
下的特例.

定义 27

动态稳定步行 ZMP 条件:机器人上所受外力的合力作用点的地
面投影(即 ZMP)始终位于有效稳定支撑域内,而重心的地面投影可
以超出支撑域.

在静态步行的步态综合中,只要应用运动学模型,适当地约束机
器人重心水平位置的运动轨迹,就可保证静态平衡条件;在动态步行
的步态规划中,需要考虑复杂的多变量、强耦合的非线性动力学方
程,保证动态稳定步行 ZMP 条件就极为困难.

4.3 基于被动步行原理的中步周期步态规划

根据前文分析,踝关节力矩反映了步行的稳定性,该力矩越小,
机器人稳定裕量就越大,抗干扰能力就越强. 另外,减少踝关节力矩
可以减少机器人步行中的能量消耗,也有助于自带电源系统的机器
人的运行时间,大大增强其自主性能.

如果机器人的质心轨迹按照倒立摆模型的固有运动规划,则能
充分利用机器人的惯性,且支撑脚踝关节的驱动力矩将接近于 0.

加拿大的 Tad. McGeer 研究被动式两足步行,根据倒立摆模型,
实现机器人在无任何外界输入的情况下,仅靠初始动能或本身势能
和惯性进行斜坡上的步行运动,系统的能量损失由机器人在斜坡不
同高度的势能变化补充. 本文尝试应用类似的原理,在双支撑期补充
系统因摩擦、碰撞等造成的能量损失,实现平地的单支撑期的被动步

行,从而规划出省能、稳定性好的自然步态.

4.3.1 侧向步态规划

(1) 质心运动轨迹(y,z)

如果忽略腿部的质量,侧向模型就可以简化为如图 4.3 所示的倒立摆模型,坐标原点位于支撑腿的踝关节处.

其运动方程为:

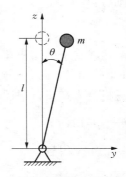

$$\ddot{\theta} - \frac{g}{l}\sin\theta = 0, \text{ set } k = \sqrt{\frac{g}{l}}$$

then $\qquad \ddot{\theta} - k^2\sin\theta = 0 \qquad (4.3.1)$

方程的通解为:

图 4.3　侧向简化倒立摆模型

$$\theta(t) = c_1 e^{-kt} + c_2 e^{kt} \qquad (4.3.2)$$

则: $\qquad\qquad \dot{\theta}(t) = -c_1 k e^{-kt} + c_2 k e^{kt} \qquad (4.3.3)$

质心的笛卡儿坐标:

$$\begin{cases} y = l\sin\theta \\ z = l\cos\theta \\ \theta = \arcsin\dfrac{y}{l} \end{cases} \qquad (4.3.4)$$

规划单步的时间 $T_s = 0.8\,\text{s}$,双支撑时间为 $T_d = \dfrac{1}{10}T_s$.髋部的宽度,即两脚的侧向间距 $W_b = 0.22\,\text{m}$.

假定角速度 $\dot{\theta} = 0$ 的时刻为 $t = 0$ 时刻.注意:此处的 $t = 0$,和系统的时间坐标原点取值无关.只是表示质心从一侧向另一侧移动的开始时刻(转折时刻).侧向模型和前向模型的时间相差一个 t_{fs}.

$t = 0$ 时,

$$\dot{\theta}(0) = -c_1 k e^{-k0} + c_2 k e^{k0}$$
$$= k(-c_1 + c_2) = 0 \Rightarrow c_1 = c_2 \quad (4.3.5)$$

则有：

$$\theta = c_1(e^{-kt} + e^{kt}) \quad (4.3.6)$$

在直立态，机器人上体质心相对支撑腿踝关节的高度为 1.215 m，机器人整体质心相对支撑腿踝关节的高度为 0.946 m. 考虑机器人在步行中还要有一定的屈曲，取计算质心位置：$l = 1\,\mathrm{m}$，则 $k = 3.13$，$t = \dfrac{T_s}{2}$ 时，计算质心达到两脚的侧向中心位置，即 $y = \dfrac{w_b}{2} = 0.11$，得到：

$$\theta\left(\frac{T_s}{2}\right) = 0.110\,\mathrm{rad} = 6.303° \quad (4.3.7)$$

代入运动方程解得：

$$c_1 = \frac{\theta(t)}{(e^{-kt} + e^{kt})} = \frac{\theta(\frac{T_s}{2})}{(e^{-k\frac{T_s}{2}} + e^{k\frac{T_s}{2}})} \quad (4.3.8)$$

则：$\theta(t) = \theta = c_1(e^{-kt} + e^{kt})$

$$= \frac{\theta\left(\frac{T_s}{2}\right)}{(e^{-k\frac{T_s}{2}} + e^{k\frac{T_s}{2}})}(e^{-kt} + e^{kt}) \quad t \in \left[0, \frac{T_s}{2}\right]$$

$$(4.3.9)$$

代入具体参数值，有转角轨迹以及角速度和角加速度轨迹如图 4.4 所示.

质心位置 y、z 坐标对应关系如图 4.5 所示.

前向和侧向模型都有 z 轴坐标，在此方向上存在耦合，但由于侧向位移小，质心在作倒立摆固有运动时，侧向模型的 z 值波动很小，也就是说对前向模型影响甚小. 由于侧向模型只涉及 4 个自由度, 而且在规定上体保持垂直以及脚底面保持水平的情况下, 就只剩下一个自由度 $\theta(t)$. 为了方便起见, 质心 z 方向的轨迹将由前向模型规划得到. 侧向步态直接规划 $\theta(t)$.

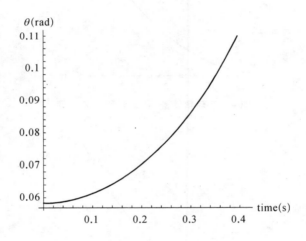

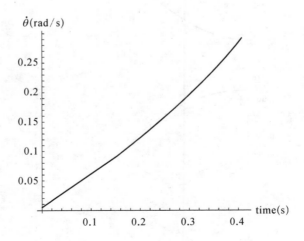

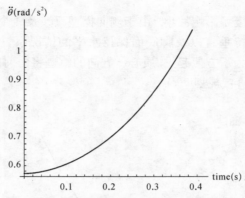

图 4. 4 转角轨迹、角速度和角加速度

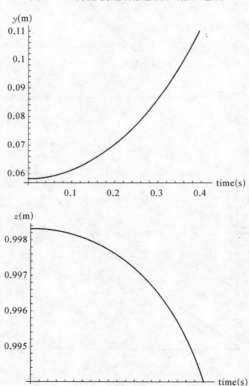

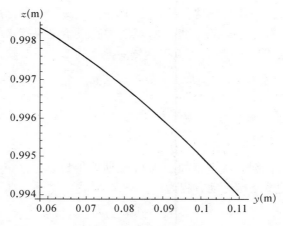

图 4.5　质心位置 y、z 坐标

　　质心运动到两腿侧间距中间位置时,另一只腿由摆动态转为支撑态,倒立摆的转动轴即转换到该腿踝关节,形成一个新的倒立摆.由两脚的对称性和动能与势能转换定律可知,质心相对该腿的运动轨迹为:

$$\theta_b(t) = -\frac{w_b}{2(\mathrm{e}^{-k\frac{T_s}{2}}+\mathrm{e}^{k\frac{T_s}{2}})}(\mathrm{e}^{-k(T_s-t)}+\mathrm{e}^{k(T_s-t)}) \qquad t \in \left(\frac{T_s}{2},\,T_s\right]$$

$$(4.3.10)$$

　　同理可以得到整个步行周期的倒立摆转角(相对不同的转轴)的运动轨迹:

$$\theta_b(t) = -\frac{w_b}{2(\mathrm{e}^{-k\frac{T_s}{2}}+\mathrm{e}^{k\frac{T_s}{2}})}(\mathrm{e}^{-k(t-T_s)}+\mathrm{e}^{k(t-T_s)}) \qquad t \in \left(T_s,\,\frac{3T_s}{2}\right]$$

$$\theta(t) = \frac{w_b}{2(\mathrm{e}^{-k\frac{T_s}{2}}+\mathrm{e}^{k\frac{T_s}{2}})}(\mathrm{e}^{-k(2T_s-t)}+\mathrm{e}^{k(2T_s-t)}) \qquad t \in \left(\frac{3T_s}{2},\,2T_s\right]$$

$$(4.3.11)$$

　　(2)摆动腿运动轨迹(y,z)

　　摆动脚的 y 坐标始终保持不变,即 $y = -w_b$. z 坐标由前向步态规划得到. 为了平稳起脚和落地,规划脚底板始终保持水平状态. 由上体始终保持垂直状态,可以得到侧向模型的四个关节轨迹:

$$\theta_1 = \theta(t) \quad \theta_5 = -\theta_1 \quad \theta_8 = \theta_1 \quad \theta_{12} = -\theta_1 \qquad (4.3.12)$$

4.3.2　前向步态规划

（1）质心运动轨迹(x, z)

　　前向简化倒立摆模型如图 4.6. 规划单步长 $S_s = 0.6$ m. 同理,计算质心的倒立摆运动方程为:

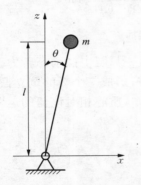

图 4.6　前向简化倒立摆模型

$$\theta(t) = c_1 e^{-kt} + c_2 e^{kt} \qquad (4.3.13)$$

质心的笛卡儿坐标:

$$\begin{cases} x = l\sin\theta \\ z = l\cos\theta \\ \theta = \arcsin\dfrac{y}{l} \end{cases} \qquad (4.3.14)$$

根据步态的周期性和左右腿的对称性,存在运动约束条件:

$$\dot{x}(t) > 0, \ \dot{\theta}(t) > 0$$

$$x(T_s) - x(0) = S_s$$

$$z(T_s) = z(0) \qquad (4.3.15)$$

　　假定质心过垂直轴的时刻为 t_1,则有:

$$\theta(t_1) = \theta_1 = 0,$$
$$\dot{\theta}(t_1) = \dot{\theta}_1 > 0 \qquad (4.3.16)$$

代入运动方程可解得:

$$\begin{cases} c_1 = -\dfrac{\dot{\theta}_1}{2k}e^{kt_1} \\[3mm] c_2 = \dfrac{\dot{\theta}_1}{2k}e^{-kt_1} \end{cases} \qquad (4.3.17)$$

原运动方程变为：

$$\theta = -\frac{\dot{\theta}_1}{2k}e^{kt_1}e^{-kt} + \frac{\dot{\theta}_1}{2k}e^{-kt_1}e^{kt} = \frac{\dot{\theta}_1}{2k}(e^{k(t-t_1)} - e^{-k(t-t_1)})$$

$$(4.3.18)$$

根据步态的周期性和左右腿的对称性，切换点位于一个步距的中间点，则 $t=0$，$\theta(0) = \arcsin\left[\dfrac{-0.6/2}{1}\right] = -0.305$ rad $t_1 = \dfrac{T_s}{2}$，可以解得：

$$\dot{\theta}_1 = 0.594 \text{ rad/s} \qquad (4.3.19)$$

因此有：$\theta(t) = 0.095(e^{3.13(t-0.4)} - e^{-3.13(t-0.4)})$，计算质心的轨迹如图 4.7 所示.

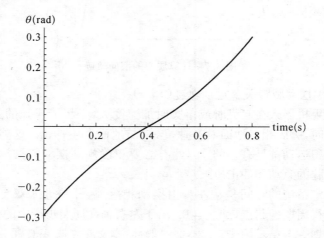

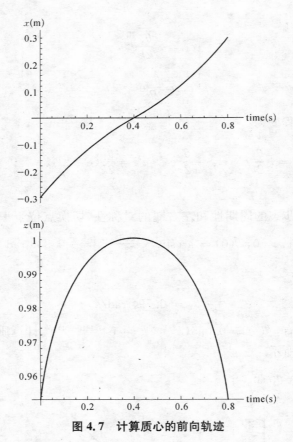

图 4.7 计算质心的前向轨迹

（2）摆动腿踝关节运动轨迹(x, z)

如果机器人在起脚时或落脚时加速度大，必将造成腿的急动；如果落脚时，脚底相对地面具有速度，将与地面发生冲击. 这些对机器人的平稳运动都是有害的. 因此有必要正确规划摆动腿的运动以消除摆动腿的急动和冲击.

假定系统的时间是从左脚由摆动相落地，开始进入双支撑时为一个步行周期的起点，即 $t = 0$. 由于左右脚在周期步行中的对称性，只需规划一个单步的步态. 不失一般性，本文在左脚底心踝关节投影

点建立系统坐标系 xyz,机器人前进方向为 x 轴,z 轴垂直向上,进行右脚踝关节运动轨迹规划.

摆动腿存在的运动约束有:

$$t = T_d,\ x_{ankle} = -S_s,\ z_{ankle} = h_{foot},\ \theta_{ankle} = 0 \qquad (4.3.20)$$

$$t = T_s,\ x_{ankle} = S_s,\ z_{ankle} = h_{foot},\ \theta_{ankle} = 0 \qquad (4.3.21)$$

1) x 方向的运动规律

设 x 方向的加速度为:

$$\ddot{x} = A\sin\left(\frac{2\pi(t - T_d)}{T_s - T_d}\right), \qquad (4.3.22)$$

式中 A 为待定系数. 则起脚和落脚时有:

$$\ddot{x}(T_d) = \ddot{x}(T_s) = 0, \qquad (4.3.23)$$

这就表明摆动腿没有 x 方向的急动.

对(4.3.22)上式积分,得:

$$\dot{x} = -\frac{A(T_s - T_d)}{2\pi}\cos\left(\frac{2\pi(t - T_d)}{T_s - T_d}\right) + C_1 \qquad (4.3.24)$$

由起脚时的速度约束:$\dot{x}(0) = 0$,得:

$$C_1 = \frac{A(T_s - T_d)}{2\pi} \qquad (4.3.25)$$

则:

$$\dot{x} = \frac{A(T_s - T_d)\sin^2\left[\dfrac{\pi(t - T_d)}{T_s - T_d}\right]}{\pi} \qquad (4.3.26)$$

由上式可见,$\dot{x}(T_s) = 0$,即摆动腿落脚时不与地面发生冲击.

对(4.3.26)式积分得:

$$x = \frac{A(T_s - T_d)}{4\pi^2} 2\pi(t - T_d) - (T_s - T_d)\sin\left[\frac{2\pi(t - T_d)}{T_s - T_d}\right] + C_2$$

(4. 3. 27)

由 $x(T_d) = -S_s$, $x(T_s) = S_s$, 得:

$$A = \frac{4\pi S_s}{(T_s - T_d)^2}$$

(4. 3. 28)

$$C_2 = -S_s$$

最终得到摆动腿 x 向的轨迹:

$$x = -S_s, \qquad t \in [0, T_d]$$

$$x = \frac{-S_s(T_s + T_d)}{(T_s - T_d)} + \frac{2S_s}{(T_s - T_d)}t$$

$$- \frac{S_s}{\pi}\sin\left[\frac{2\pi(t - T_d)}{T_s - T_d}\right], \qquad t \in [T_d, T_s]$$

(4. 3. 29)

代入各参数具体取值,得到 x 向踝关节运动轨迹如图 4.8 所示.

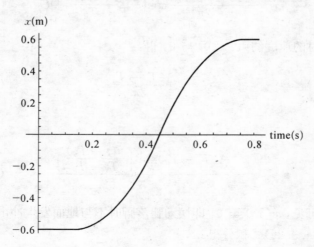

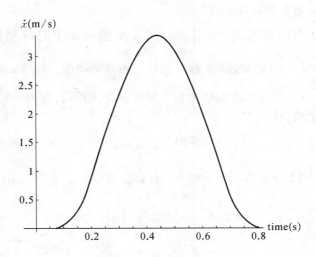

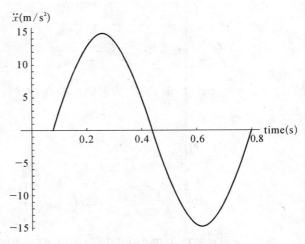

图 4.8   踝关节的 x 向轨迹

2) z 方向的运动规律

为了有效避障,期望摆动腿脚底在摆动相中间时刻$\left(\text{即 } t = \frac{1}{2}(T_s + T_d)\right)$ 达到最高点 H_s,然后开始落脚动作. 参照 x 向轨迹规划方法,将 z 方向轨迹由摆动相中间时刻分为两段,则每一段和 x 方向轨迹比较类同了.

当 $T_d \leqslant t \leqslant \frac{1}{2}(T_s + T_d)$ 时,将式(4.3.29)中的 x、T_s 和 S_s 分别代换成 z、$\frac{1}{2}(T_s + T_d)$ 与 H_3,并在 z 计算公式中加上 $\frac{1}{2}H_s + h_{foot}$ 即可:

$$z = h_{foot}, \ t \in [0, \ T_d]$$

$$z = \frac{-2H_s T_d}{(T_s - T_d)} + \frac{2H_s}{(T_s - T_d)}t -$$

$$\frac{H_s}{2\pi}\sin\left[\frac{4\pi(t - T_d)}{T_s - T_d}\right] + h_{foot},$$

$$t \in \left[T_d, \ \frac{1}{2}(T_s + T_d)\right] \qquad (4.3.30a)$$

当 $\frac{1}{2}(T_s + T_d) \leqslant t \leqslant T_s$ 时,将上式乘以 -1,并在 z 计算公式中加上 $2(H_s + h_{foot})$ 即可.

$$z = \frac{-2H_s T_d}{(T_s - T_d)} + \frac{2H_s}{(T_s - T_d)}t -$$

$$\frac{H_s}{2\pi}\sin\left[\frac{4\pi(t - T_d)}{T_s - T_d}\right] + 2H_s + h_{foot},$$

$$t \in \left[\frac{1}{2}(T_s + T_d), \ T_s\right] \qquad (4.3.30b)$$

一个完整单步的右腿 z 向轨迹见图 4.9.

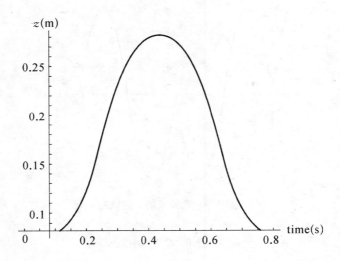

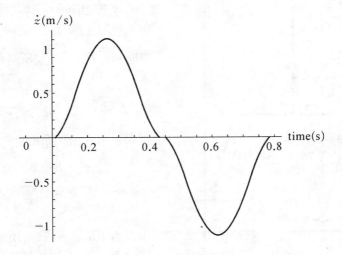

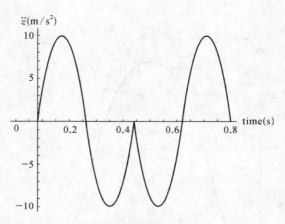

图 4.9 踝关节的 z 向轨迹

4.3.3 广义坐标轨迹的几何算法

（1）侧向广义坐标

侧向模型的关节转角如图 4.10 所示.

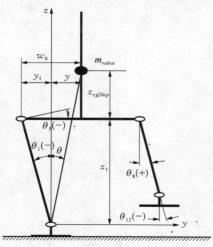

图 4.10 侧向模型关节转角示意图

令系统时间 $t = 0$，为刚开始进入双脚支撑时刻. 此时侧向模型时刻为 $t' = -\dfrac{T_s}{2}$，所以有：

$$t' = t - \frac{T_s}{2} \qquad (4.3.31)$$

根据三角几何关系有：

$$\begin{cases} y = l\sin\theta \\ z = l\cos\theta \end{cases}$$

$$(4.3.32)$$

为了满足第三章所述的几何约束条件,令支撑腿有一定的

屈曲,规划屈曲长度 $\delta h = 0.12\,\text{m}$,则计算质心至髋部的高度差:

$$z_{cg2hip} = l - \big[(l_{shin} + l_{thigh}) - \delta h\big]$$
$$= 1 - \big[(0.4 + 0.36) - 0.12\big] = 0.36\,\text{m}$$

$$y_1 = \frac{w_b}{2} - y \qquad (4.3.33)$$

$$z_1 = z - z_{cg2hip} \qquad (4.3.34)$$

则:
$$\theta_1 = \arctan\frac{y_1}{z_1} \qquad (4.3.35)$$

为了保留上体姿态调整作为在线稳定性补偿手段,规划上体在步行中一直保持垂直状态. 则其他侧向关节转角分别为:

$$\theta_5 = -\theta_1,\ \theta_8 = \theta_1,\ \theta_{12} = -\theta_1 \qquad (4.3.36)$$

(2) 前向广义坐标

前向模型的关节转角如图 4.11 所示.

1) 前向支撑腿各关节转角轨迹

已知计算质心的轨迹 (x, z),则:

$$z_1 = z - z_{cg2hip} \qquad (4.3.37)$$

$$l_0 = \sqrt{x^2 + z_1^2} \qquad (4.3.38)$$

$$\beta_1 = \arctan\frac{x}{z_1} \qquad (4.3.39)$$

$$\beta_a = \arccos\frac{l_0^2 + l_{shin}^2 - l_{thigh}^2}{2l_0 l_{shin}} \qquad (4.3.40)$$

$$\beta_k = \arccos\frac{l_{thigh}^2 + l_{shin}^2 - l_0^2}{2l_{thigh} l_{shin}} \qquad (4.3.41)$$

$$\beta_h = \pi - \beta_k - \beta_2 \qquad (4.3.42)$$

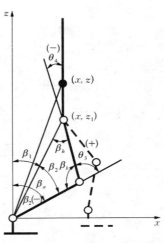

图 4.11 前向模型关节转角关系图

转化为广义坐标有：

$$\theta_2 = -(\beta_1 + \beta_a) \tag{4.3.43}$$

$$\theta_3 = \pi - \beta_k \tag{4.3.44}$$

$$\theta_4 = -[(\pi - \beta_1) - (\pi - \beta_h)] = \beta_1 - \beta_h \tag{4.3.45}$$

因上体垂直以及支撑脚底呈水平态，故有：

$$\theta_2 + \theta_3 + \theta_4 = 0 \tag{4.3.46}$$

前向支撑腿关节轨迹见图 4.12.

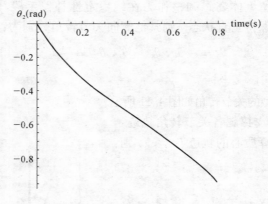

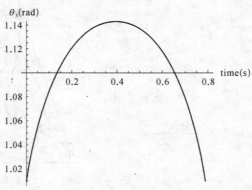

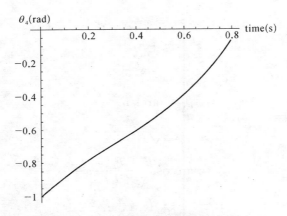

图 4.12　前向支撑腿关节轨迹

2) 前向摆动腿关节转角轨迹

已知计算质心轨迹 (x, z) 和摆动腿踝关节轨迹 (x_{ankle}, z_{ankle}). 如图 4.13 所示,在摆动腿踝关节处 (x_{ankle}, z_{ankle}) 建立一个辅助坐标系 $x'y'z'$, 则计算质心相对新坐标系的坐标为:

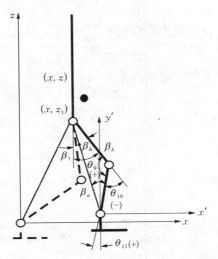

图 4.13　前向模型摆动腿关节转角关系图

$$x' = x - x_{ankle} \qquad (4.3.47)$$

$$z' = z + h_{foot} - z_{ankle} \qquad (4.3.48)$$

$$z_1 = z' - z_0 \qquad (4.3.49)$$

$$\beta_1 = \arctan \frac{-x'}{z_1'} \qquad (4.3.50)$$

$$l_0 = \sqrt{x'^2 + z_1'^2} \qquad (4.3.51)$$

$$\beta_a = \arccos \frac{l_0^2 + l_{shin}^2 - l_{thigh}^2}{2 l_0 l_{shin}} \qquad (4.3.52)$$

$$\beta_k = \arccos \frac{l_{thigh}^2 + l_{shin}^2 - l_0^2}{2 l_{thigh} l_{shin}} \qquad (4.3.53)$$

$$\beta_h = \pi - \beta_k - \beta_a \qquad (4.3.54)$$

转化为广义坐标有:

$$\theta_9 = \beta_1 + \beta_h \qquad (4.3.55)$$

$$\theta_{10} = \beta_k - \pi \qquad (4.3.56)$$

$$\theta_{11} = \beta_a - \beta_1 \qquad (4.3.57)$$

因为上体垂直以及摆动脚底呈水平态,故有关系:

$$\theta_9 + \theta_{10} + \theta_{11} = 0 \qquad (4.3.58)$$

前向摆动腿关节轨迹见图 4.14.

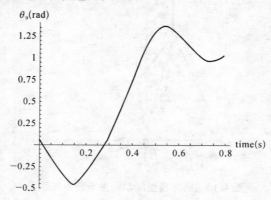

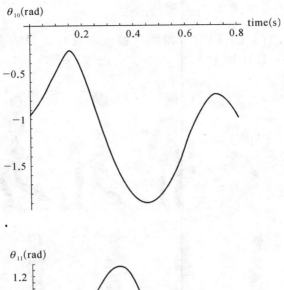

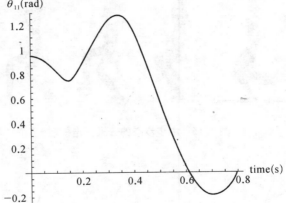

图 4.14 前向摆动腿关节轨迹

3）转弯关节轨迹

对于直行运动,两个转弯关节转角:

$$\theta_6 = \theta_7 = 0 \tag{4.3.59}$$

4.3.4　中步步态规划结果

基于左右腿的互换性,得到机器人双足行走时的中步步态如图 4.15～图 4.17 所示.

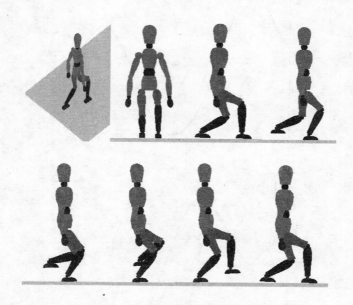

图 4.15　中步步态的三维行走模型

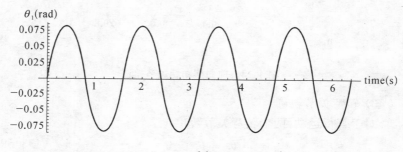

(a)

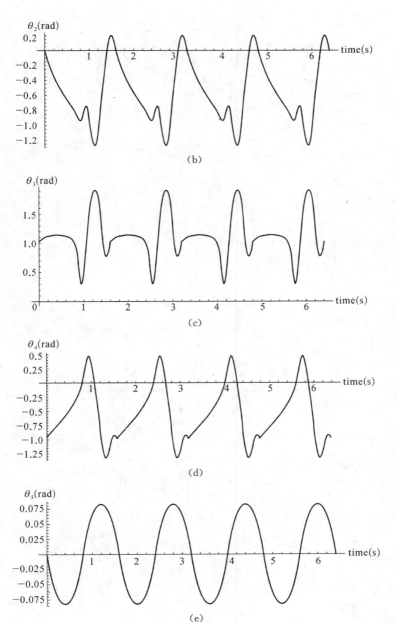

(b)

(c)

(d)

(e)

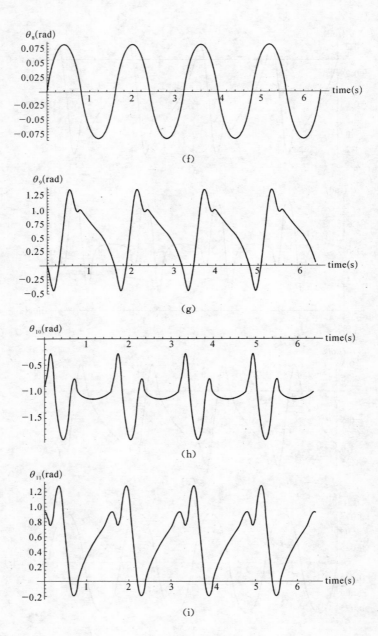

(f)

(g)

(h)

(i)

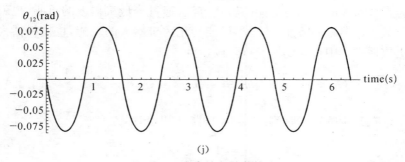

(j)

图 4.16　中步的各关节轨迹

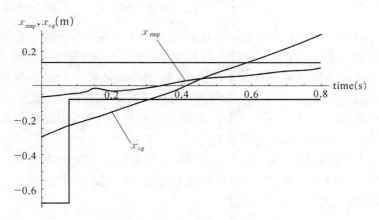

图 4.17　ZMP 与重心轨迹

4.4　起步步态规划

　　起步阶段是指机器人从双脚并齐的零位移、零速度的初始站立状态开始到具有平稳周期性步行的中步阶段之前的过渡阶段,是机器人获得初始步行速度的阶段. 机器人稳定状态也逐渐由初始的静态平衡过渡到动态平衡.

　　由于机器人本体要从静止加速到步行速度,系统能耗较大. 为此

考虑机器人的动能与势能的转化方法,通过降低机器人的重心,也就
是减少机器人的势能,使之尽可能转化为机器人的动能,也使机器人
更快地进入中步周期性步行阶段,有:

$$mg\delta h = \frac{1}{2}m(v_1^2 - v_0^2) \qquad (4.4.1)$$

在起步的初始时刻 $v_0 = 0$,中步的初始时刻,

$$v_1 = 1.072 \text{ ms}^{-1} \qquad (4.4.2)$$

得: $$\delta h = \frac{1}{2g}v_1^2 = 0.059 \text{ m} \qquad (4.4.3)$$

即理论上只要降低重心 0.059 m,无需外界能量输入即可获得中
步的初始速度. 在实际步行运动控制中,由于关节空隙、伺服精度及
摆动脚落地时的冲击等因素的影响,机构的动能存在一定程度的损
失. 为此取 $\delta h = 0.12$ m(即中步时的机器人支撑腿的屈曲长度). 这
说明机器人可以在一个单步内达到中步的初始速度,因此规划机器
人在一个单步时间内完成起步.

由于存在较大的高度尺寸差别,在起步和止步阶段无法直接应
用倒立摆模型. 因为加速度是直接与力、力矩以及 ZMP 联系在一起
的,所以采用加速度空间规划方法.

4.4.1 前向步态规划

(1)机器人计算质心的轨迹规划

1)z 向轨迹

为了和中步步态平滑联接起来,要求起步的结束状态和中步的
初始状态在位置和速度上保持一致,则起步阶段 z 向轨迹存在约束
条件:

$$z(0) = z_{cgbody0},\ \dot{z}(0) = 0,\ z(T_s) = z_{cgbodyTs},\ \dot{z}(T_s) = \dot{z}_{T_s}$$

$$(4.4.4)$$

令:
$$\ddot{z} = \ddot{z}_0 + kt \tag{4.4.5}$$

因 $\dot{z}(0) = 0$，故有:
$$\dot{z} = \ddot{z}_0 t + \frac{1}{2}kt^2 \tag{4.4.6}$$

又因 $z(0) = z_{cgbody0}$，所以有:
$$z = \frac{1}{2}\ddot{z}_0 t^2 + \frac{1}{6}kt^3 + z(0) + z_{cgbody0} \tag{4.4.7}$$

当 $t = T_s$ 时，
$$\dot{z}(T_s) = \ddot{z}_0 T_s + \frac{1}{2}kT_s^2 = \dot{z}_{T_s} \tag{4.4.8}$$

$$z(T_s) = \frac{1}{2}\ddot{z}_0 T_s^2 + \frac{1}{6}kT_s^3 = z_{T_s} = z_{cgbodyTs} \tag{4.4.9}$$

令 $z_s = z_{cgbody0} - z_{cgbodyTs}$，解上述联立方程组得:
$$k = \frac{6(2z_s + \dot{z}_{T_s})}{T_s^3} \tag{4.4.10}$$

$$\ddot{z}_0 = \frac{-2z_s - 2\dot{z}_{T_s}T_s}{T_s^2} \tag{4.4.11}$$

即可得到 z 方向的轨迹:
$$z = \frac{t^3(\dot{z}_{T_s}T_s + 2z_s)}{T_s^3} - \frac{t^2(2\dot{z}_{T_s}T_s + 6z_s)}{2T_s^2} + z_{cgbody0} \tag{4.4.12}$$

中步时支撑腿屈曲程度 $\delta h = 0.12\,\mathrm{m}$，计算质心至髋部位置的高度差为 $z_{cg2hip} = 0.36\,\mathrm{m}$.

初始时刻:
$$z_{cgbody0} = l_{shin} + l_{thigh} + z_{cg2hip} = 0.4 + 0.36 + 0.36 = 1.12\,\mathrm{m} \tag{4.4.13}$$

根据中步的初始状态,可得起步结束时刻:

$$z_{cgbodyTs} = 0.954, \dot{z}_{T_s} = 0.337 \qquad (4.4.14)$$

代入各参数具体取值,可得如图 4.18 所示的轨迹:

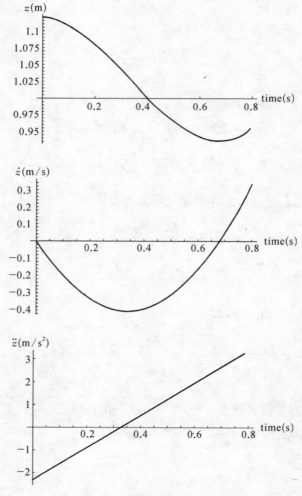

图 4.18　计算质心 z 向轨迹

2）x 向轨迹

根据 ZMP 计算公式可知，$\ddot{x}$ 对于平衡重力作用，特别是在重心超出支撑域时，把 ZMP 维持在支撑域内起着重要作用. 为了平衡重力的影响，$\ddot{x}$ 应随着重心投影点偏离支撑域中心的程度扩大而增加.

为了与中步步态平滑联接，起步阶段 x 轨迹存在约束：

$$x(0) = 0,\ \dot{x}(0) = 0,\ x(T_s) = \frac{S_s}{2},\ \dot{x}(T_s) = \dot{x}_{T_s} = 1.072$$

$$(4.4.15)$$

为了考虑 ZMP 的要求，x 向加速度采用二次函数规划. 令：

$$\ddot{x} = k_0 + k_1 t + k_2 t^2 \tag{4.4.16}$$

因 $\dot{x}(0) = 0$，则有：

$$\dot{x} = k_0 t + \frac{1}{2} k_1 t^2 + \frac{1}{3} k_2 t^3 \tag{4.4.17}$$

因为 $x(0) = 0$，故有：

$$x = \frac{1}{2} k_0 t^2 + \frac{1}{6} k_1 t^3 + \frac{1}{12} k_2 t^4 \tag{4.4.18}$$

当 $t = T_s$ 时，

$$\dot{x}(T_s) = k_0 T_s + \frac{1}{2} k_1 T_s^2 + \frac{1}{3} k_2 T_s^3 = \dot{x}_{T_s} \tag{4.4.19}$$

$$x(T_s) = \frac{1}{2} k_0 T^2 + \frac{1}{6} k_1 T^3 + \frac{1}{12} k_2 T^4 = x_{T_s} \tag{4.4.20}$$

$t = T_s$ 时，重心投影偏离支撑域中心最为严重，为此，考虑步态规划时令：

$$x_{zmp} = 0,\ t = T_s \tag{4.4.21}$$

则有：

$$\frac{m(\ddot{z}+g)x - m\ddot{x}z}{m(\ddot{z}+g)} = x(T_s) - \frac{\ddot{x}(T_s)z(T_s)}{\ddot{z}(T_s)+g} = 0 \quad (4.4.22)$$

解上述联立方程组得：

$$k_0 = 1.689$$
$$k_1 = -8.657 \quad (4.4.23)$$
$$k_2 = 14.595$$

因此：

$$x = 0.845t^2 - 1.443t^3 + 1.216t^4 \quad (4.4.24)$$

计算质心 x 向轨迹如图 4.19 所示.

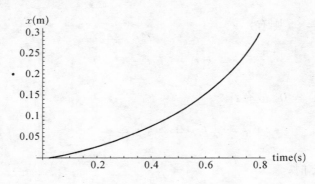

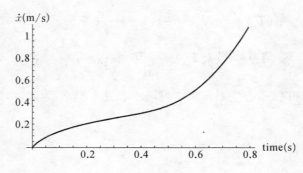

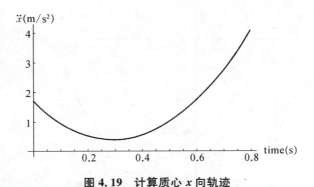

图 4.19　计算质心 x 向轨迹

　　由此可知,上体质心 x 向加速度 $\ddot{x}$ 在规划步态的后期逐渐增大,因此会有助于使 ZMP 保持在支撑域以内.

　　根据 4.5 广义坐标轨迹的几何算法,得到支撑腿的相关关节轨迹如图 4.20 所示.

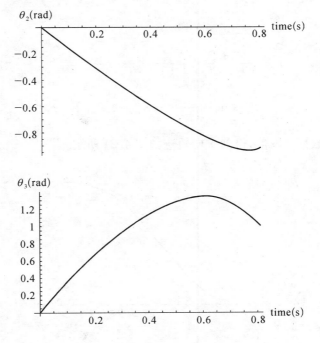

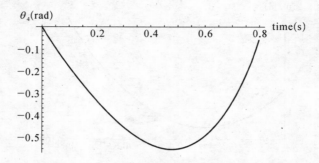

图 4.20　支撑腿的前向关节轨迹

（2）摆动腿踝关节轨迹规划

1）x 方向的轨迹

参照中步的步态规划方法,并考虑初始条件的异同,进行相应的调整可得:

$$x = 0, \qquad t \in [0, T_d]$$

$$x = \frac{-S_s T_d}{(T_s - T_d)} + \frac{S_s}{(T_s - T_d)} t - \tag{4.4.25}$$

$$\frac{S_s}{2\pi} \sin\left[\frac{2\pi(t - T_d)}{T_s - T_d}\right], \quad t \in [T_d, T_s]$$

代入参数具体取值,得到 x 向轨迹如图 4.21 所示.

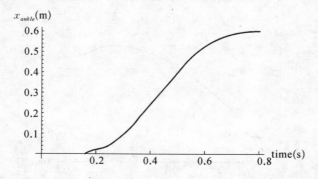

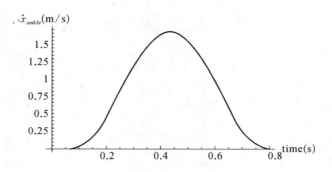

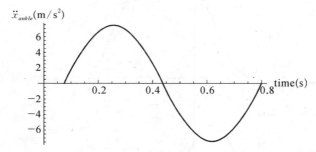

图 4.21 摆动腿 x 向轨迹

2）z 方向的轨迹

同理可得 z 方向的轨迹：

$$z = 0 \qquad t \in [0, T_d]$$

$$z = \frac{-2H_s T_d}{(T_s - T_d)} + \frac{2H_s}{(T_s - T_d)} t -$$

$$\frac{H_s}{2\pi} \sin\left[\frac{4\pi(t - T_d)}{T_s - T_d}\right] + h_{foot},$$

$$t \in \left[T_d, \frac{1}{2}(T_s + T_d)\right]$$

$$z = \frac{-2H_s T_d}{(T_s - T_d)} + \frac{2H_s}{(T_s - T_d)} t -$$

$$\frac{H_s}{2\pi}\sin\left[\frac{4\pi(t-T_d)}{T_s-T_d}\right]+2H_s+h_{foot},$$

$$t\in\left[\frac{1}{2}(T_s+T_d),\,T_s\right]\qquad(4.4.26)$$

如图 4.22 所示,它与中步的相同.

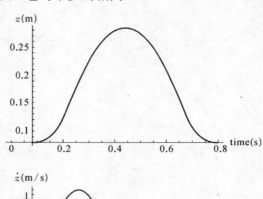

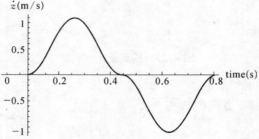

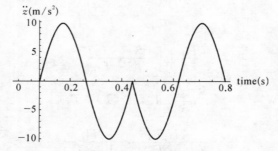

图 4.22 摆动腿 z 向轨迹

相关的摆动腿关节转角见图 4.23.

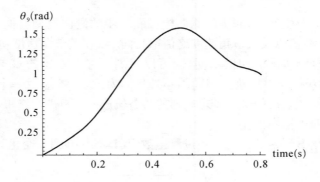

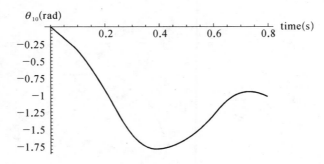

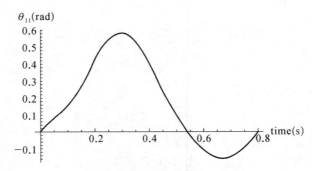

图 4.23　摆动腿相关关节轨迹

4.4.2 基于过渡函数的侧向步态规划

在关节空间内,起步的侧向模型和中步的侧向模型类似,关节转角初值、终值以及关节角速度终值都相同. 仅仅关节角速度初值为 0,与中步规划步态的初值不同,但可以规划令之在初始的双支撑阶段 T_s 逐渐获得与中步轨迹相同的角速度. 为此,准备应用一个修正过渡函数对拟采用的中步步态规划的关节轨迹 $\theta_{1m}(t)$ 进行修正,修正在初始的双支撑期内完成.

采用 S 形函数作为修正过渡函数,其具有从 0 到 1 变化的性质.

$$S(t) = \frac{1}{1 + e^{-u(t-t_0)}}, \tag{4.4.27}$$

取 $u = 100$, $t_0 = \dfrac{T_d}{2}$,其取值见图 4.24 所示.

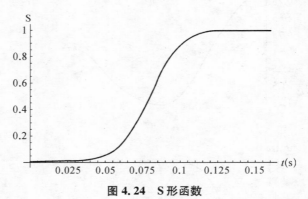

图 4.24　S 形函数

起步的关节轨迹:

$$\theta_1 = \theta_{1m} \times S(t) \tag{4.4.28}$$

修正后的关节轨迹如图 4.25 所示.

其他侧向关节轨迹根据如下关系获得:

$$\theta_5 = -\theta_1$$

$$\theta_8 = \theta_1$$

$$\theta_{12} = -\theta_1$$

$$(4.4.29)$$

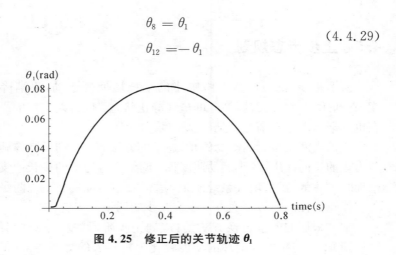

图 4.25　修正后的关节轨迹 θ_1

4.4.3　起步步态规划结果

综合侧向与前向的规划结果,得到机器人双足行走的起步步态如图 4.26 所示.

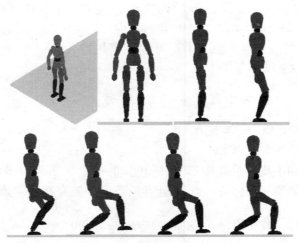

图 4.26　起步步态的三维行走模型

4.5 止步步态规划

所谓止步,就是机器人由中步的平稳周期性运动,逐渐降低速度,直到速度为 0 的双脚站立的最终静止状态. 机器人支撑的平衡状态也逐渐从动态平衡过渡到静态平衡.

机器人两足步行运动的停止,通常的方法有:1. 利用支撑腿踝关节力矩的反向作用,减小运动速度;2. 调整步行运动的步长或支撑腿落地时上体的位置,增大系统阻尼,达到减速运动的目的. 两足步行运动停止的控制一般可通过一步或几步的调整来实现.

本文采用的能量转换方法是:规划止步阶段的步态令机器人重心逐渐升高,将机器人前冲的动能转化为机器人的势能,实现平稳止步,同时也为下一次步行储备能量. 为了尽快使机器人的速度降为 0,本文规划止步结束后的机器人呈完全直立状态.

起步规划的分析表明,如果机器人的前冲动能完全转化为重心上升的势能储备,则重心的上升高度为: $\delta h = 0.059\,\mathrm{m}$. 机器人由中步步行时的屈曲态到止步后的完全直立态,重心高度的变化为 $0.12\,\mathrm{m} > \delta h$,这说明在一个单步时间内可以将机器人的前进速度降到 0,实现机器人的止步. 因此,本文规划机器人在一个单步周期 T_s 内完成止步运动.

4.5.1 前向步态规划

(1) 计算质心的轨迹规划

1) x 向的轨迹规划

为了和中步平滑联接起来,即止步的初始状态与中步的结束状态在位移和速度上保持一致,则止步阶段 x 轨迹存在约束条件:

$$x(T_s) = 0,\ \dot{x}(T_s) = 0,\ x(0) = -\frac{S_s}{2},\ \dot{x}(0) = \dot{x}_0 = 1.072$$

$$(4.5.1)$$

令：
$$\ddot{x} = \ddot{x}_0 + kt \qquad (4.5.2)$$

则：
$$\dot{x} = \ddot{x}_0 t + \frac{1}{2}kt^2 + c_1 \qquad (4.5.3)$$

由 $\dot{x}(T_s) = 0$，得：
$$c_1 = -\ddot{x}_0 T_s - \frac{1}{2}kT_s^2 \qquad (4.5.4)$$

则有：
$$x = \frac{1}{2}\ddot{x}_0 t^2 + \frac{1}{6}kt^3 + \left(-\ddot{x}_0 T_s - \frac{1}{2}kT_s^2\right)t + c_2 \quad (4.5.5)$$

由 $x(T_s) = 0$，得：
$$c_2 = \frac{1}{2}\ddot{x}_0 T_s^2 + \frac{1}{3}kT_s^3 \qquad (4.5.6)$$

当 $t = 0$ 时，
$$\dot{x}(0) = -\ddot{x}_0 T_s - \frac{1}{2}kT_s^2 = \dot{x}_0 \qquad (4.5.7)$$

$$x(0_s) = \frac{1}{2}\ddot{x}_0 T_s^2 + \frac{1}{3}kT_s^3 = x_0 = -\frac{S_s}{2} \qquad (4.5.8)$$

解上述方程组得：
$$k = \frac{6(-S_s + \dot{x}_0 T_s)}{T_s^3}$$
$$\ddot{x}_0 = \frac{3S_s - 4\dot{x}_0 T_s}{T_s^2} \qquad (4.5.9)$$

得到：
$$x = -\frac{S_s}{2} + \dot{x}_0 t - \frac{S_s}{T_s^3}t^3 + \frac{3S_s}{2T_s^2}t^2 + \frac{\dot{x}_0}{T_s^2}t^3 - \frac{2\dot{x}_0}{T_s}t^2 \quad (4.5.10)$$

代入具体数值，得到计算质心的 x 向规划轨迹如图 4.27 所示.

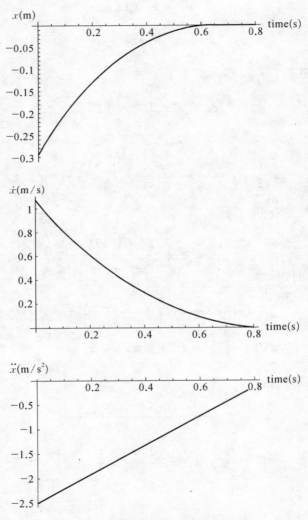

图 4.27　计算质心的 x 向规划轨迹

2）z 向的轨迹规划

为了和中步平滑联接起来，止步阶段 z 向的轨迹存在约束条件：

$$z(T_s) = z_{end}, \ \dot{z}(T_s) = 0, \ z(0)$$

$$= z_{cgbody0}, \ \dot{z}(0) = \dot{z}_0 = -0.337 \quad (4.5.11)$$

$$z_s = z_{end} - z_{cgbody0} = 1.12 - 0.954 = 0.166 \quad (4.5.12)$$

将 z_s 代替 $\dfrac{S_s}{2}$，用 z 代替式中的 x，并考虑初始条件的异同，即可得到 z 方向的轨迹：

$$z = \dot{z}_0 t - \frac{2z_s}{T_s^3}t^3 + \frac{3z_s}{T_s^2}t^2 + \frac{\dot{z}_0}{T_s^2}t^3 - \frac{2\dot{z}_0}{T_s}t^2 + z_{cgbody0} \quad (4.5.13)$$

代入具体数值，得到计算质心的 z 向规划轨迹如图 4.28 所示.

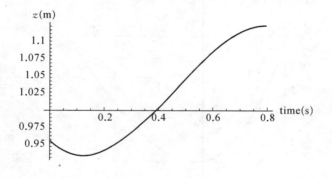

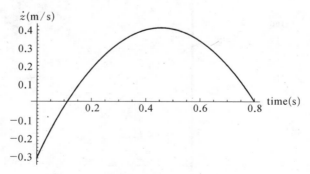

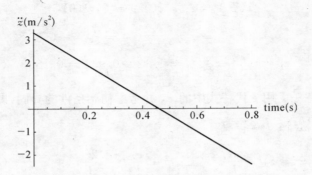

图 4.28　计算质心的 z 向规划轨迹

相应的关节转角轨迹如图 4.29 所示.

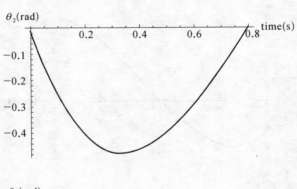

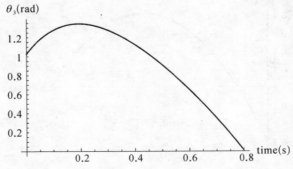

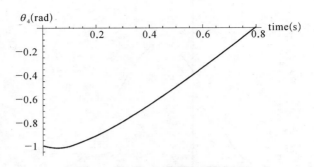

图 4.29　支撑腿前向关节轨迹

（2）摆动腿步态规划

参照中步的步态规划的方法，并根据初始条件的变化，对步态轨迹进行相应调整．

1）x 方向的步态规划

$$x = -S_s, \qquad t \in [0, T_d] \qquad (4.5.14)$$

$$x = \frac{-S_s T_d}{(T_s - T_d)} + \frac{S_s}{(T_s - T_d)}t$$
$$-\frac{S_s}{2\pi}\sin\left[\frac{2\pi(t - T_d)}{T_s - T_d}\right] - S_s, \quad t \in [T_d, T_s]$$

$$(4.5.15)$$

具体取值见图 4.30.

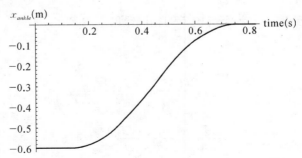

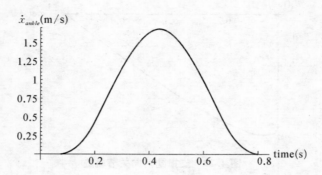

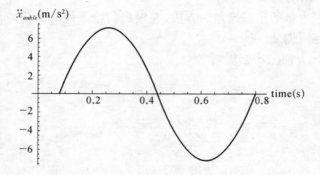

图 4.30 摆动腿踝关节 x 向轨迹

2）z 向的步态规划

摆动腿的 z 向步态与中步的相同，即：

$$z = 0, \, t \in [0, T_d]$$

$$z = \frac{-2H_s T_d}{(T_s - T_d)} + \frac{2H_s}{(T_s - T_d)}t -$$

$$\frac{H_s}{2\pi}\sin\left[\frac{4\pi(t - T_d)}{T_s - T_d}\right] + h_{foot},$$

$$t \in \left[T_d, \frac{1}{2}(T_s + T_d) \right]$$

$$z = \frac{-2H_sT_d}{(T_s - T_d)} + \frac{2H_s}{(T_s - T_d)}t -$$

$$\frac{H_s}{2\pi}\sin\left[\frac{4\pi(t - T_d)}{T_s - T_d}\right] + 2H_s + h_{foot},$$

$$t \in \left[\frac{1}{2}(T_s + T_d), T_s \right] \tag{4.5.16}$$

相应的摆动腿关节转角轨迹如图 4.31 所示.

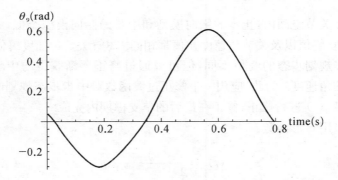

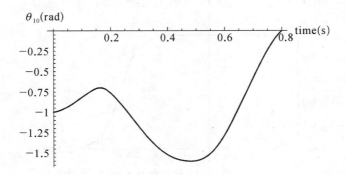

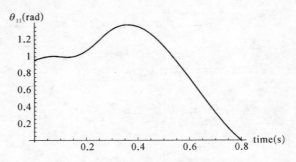

图 4.31　摆动腿相应关节的规划轨迹

4.5.2　基于过渡函数的止步侧向步态规划

在关节空间内,止步的侧向模型和中步的侧向模型类似,关节转角初值、终值以及关节角速度初值都相同. 尽管关节角速度终值为 0,与中步规划步态的终值不同,但可以通过修正逐渐获得与中步轨迹相同的角速度. 为此,应用一个修正过渡函数对中步步态规划的关节轨迹 $\theta_{1m}(t)$ 进行修正,修正在最后的单支撑期内完成.

采用 S 形函数:

$$S(t) = \frac{1}{1 + e^{-u(-t + t_0)}}, \tag{4.5.17}$$

取 $u = 30$, $t_0 = T_s - T_d * 2$, 其取值见图 4.32.

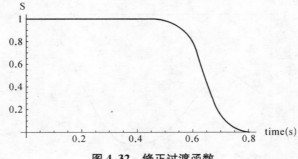

图 4.32　修正过渡函数

止步的关节轨迹:

$$\theta_1 = \theta_{1m} \times S(t) \tag{4.5.18}$$

最终的规划结果见图 4.33.

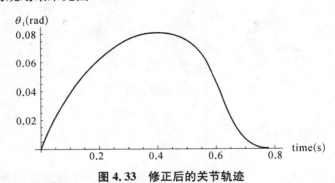

图 4.33　修正后的关节轨迹

其他侧向关节轨迹根据如下关系获得:

$$\theta_5 = -\theta_1$$
$$\theta_8 = \theta_1$$
$$\theta_{12} = -\theta_1 \tag{4.5.19}$$

4.5.3　止步步态规划结果

综合侧向与前向的规划结果,得到机器人双足行走的止步步态如图 4.34 所示.

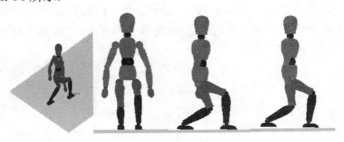

图 4.34　止步步态的三维行走模型

4.6　本章小结

为了便于对仿人形机器人双足步行运动进行步态规划与综合，本章首先给出双足步行中常用的基本概念. 明确了单步与复步的区别，以将仿人形机器人研究中的"步"的概念与日常生活中的"步"统一起来.

为了利用机器人行走中的惯性，根据仿人型机器人的质量分布类似倒立摆的特点，规划机器人的计算质心按照倒立摆模型的固有轨迹进行被动运动，得到的步态省能、稳定性好，并降低了支撑脚踝关节的驱动力矩，提高了机器人抗干扰能力.

起步与止步是机器人步行运动中不可或缺的组成部分. 因为加速度是直接与力、力矩以及 ZMP 联系在一起的，所以本文直接在加速度空间规划起步和止步阶段的前向步态. 最后根据各阶段的侧向步态比较类似的特点，采用过渡函数将中步的侧向步态分别转化为起步与止步的侧向步态.

第五章　非时间参考步态的
遗传算法优化

5.1　前言

　　机器人的运动规划可以分为确定空间几何路径的路径规划和确定机器人沿该路径的位姿、速度、加速度等与时间相关的轨迹规划两部分. 一般的两足步行步态规划方法对此没有区分. 机器人在通过障碍或上下楼梯等对机器人位形有约束的环境,对机器人的空间运动路径要求严格. 在常规的步态规划与控制中,为了维持机器人的步行稳定性,而进行的步态调整,都会影响机器人的空间运动轨迹,如以 Honda 机器人[2]为代表的 ZMP 稳定控制策略就要求调整机器人各部分的空间路径,这在通过障碍等对落脚位置及最大跨高位置有要求时就不太适用了.

　　本章提出非时间参考的步态规划思想,引入其他非时间的运动参考量代替时间参考量,将机器人运动问题分解为各个关节间的协调运动和机器人的动态稳定性两个问题,得到非时间参考的步态,以确保机器人的各个关节几何运动关系的稳定不变,从而保证机器人的空间运动路径不受稳定性控制的影响,同时简化了稳定性问题的解决,也更易于实现离线规划和在线修正算法的有机结合.

　　步态优化设计是提高步行性能的一个重要途径. 基于步行稳定性的优化目标是使 ZMP 尽量集中在支撑域的中心区域. 和传统的优化方法相比,遗传算法模拟生物进化机制的搜索和优化方法,具有全局优化、隐含并行性、对待求问题的依赖较少等优点[124],非常适合于多变量单目标的约束优化问题求解. 本章将利用遗传算法的出色的优化计算能力,以期得到 ZMP 稳定性好的优化步态.

5.2　仿人形机器人双足步行运动的空间路径规划

在规划机器人上体保持直立和脚底板保持水平时,机器人的位姿可以用髋部和摆动腿踝关节的位置[80]来表示. 机器人步行中易于发生倾覆的前向运动中,机器人质心的 x 向轨迹 $x_{hip}(t)$ 对于稳定性起着主要作用,而且 $x_{hip}(t)$ 为单增函数,具有与时间类似的单向性,为此考虑以 $x_{hip}(t)$ 为参考变量,首先规划出髋部和摆动腿踝关节的空间运动路径,从而固化了机器人各部分的相对运动关系. 再通过规划 $x_{hip}(t)$ 的时间轨迹,控制 ZMP 的位置,实现稳定步行.

与第四章相同,本章规划机器人的步行参数为:

单步长: $S_s = 0.6\,\mathrm{m}$

单步周期: $T_s = 0.8\,\mathrm{s}$

摆动腿最大跨高: $H_s = 0.2\,\mathrm{m}$

5.2.1　髋部的空间运动路径规划

由于左右脚的对称性和步行的周期性,只需要规划一个单步的步态. 不失一般性,本文以左腿开始支撑,右腿开始摆动为一个单步的开始.

规划左右腿支撑切换时刻,髋关节位置 $x_{hip}(0)$ 正位于两脚间的中间位置,一个单步周期内, $x_{hip}(t) \in \left[-\dfrac{S_s}{2}, \dfrac{S_s}{2} \right]$, when $t \in \left[0, \dfrac{T_s}{2} \right]$.

由于左右腿支撑的对称性和步行的周期性, $z_{hip} = f(x_{hip}) = z_{hip}(x_{hip})$ 为一个周期函数,周期为 $\dfrac{T}{2} = T_s$.

机器人单脚支撑直立时刻 $x_{hip}(t) = 0$,髋部达到最高,即:

$$z_{hip}(0) = \max[z_{hip}(x_{hip})] = l_{shin} + l_{thigh} \qquad (5.2.1)$$

在左右腿支撑切换时刻,因为双腿都存在几何约束,髋部处于一个单步周期的最低点. 为了保证左右腿支撑切换时刻邻域内, 机器人满足几何约束条件, 规划机器人保留一定的屈曲 $\delta h = 0.1$.

则有:

$$z_{hip}\left(-\frac{S_s}{2}\right) = z_{hip}\left(\frac{S_s}{2}\right) = \min[z_{hip}(x_{hip})]$$

$$= \sqrt{(l_{shin} + l_{thigh})^2 - \left(\frac{S_s}{2}\right)^2} - \delta h \qquad (5.2.2)$$

髋部高度波动幅度:

$$z_{hipmag} = \max[z_{hip}(x_{hip})] - \min[z_{hip}(x_{hip})]$$

$$= l_{shin} + l_{thigh} - \sqrt{(l_{shin} + l_{thigh})^2 - \left(\frac{S_s}{2}\right)^2} + \delta h$$

$$(5.2.3)$$

步行中机器人髋部的中位高度为:

$$\text{mid}[z_{hip}(x_{hip})] = \min[z_{hip}(x_{hip})] + \frac{1}{2}z_{hipmag} \qquad (5.2.4)$$

综合上述要求, 采用一个余弦函数:

$$z_{hip}(x_{hip}) = \frac{z_{hipmag}}{2} \times \cos\left(2\pi\frac{x_{hip}}{S_s}\right) + mid[z_{hip}(x_{hip})] \quad (5.2.5)$$

速度为:

$$\dot{z}_{hip} = \frac{\partial z_{hip}}{\partial t} = \frac{\partial z_{hip}}{\partial x_{hip}}\dot{x}_{hip} = -\frac{\pi z_{hipmag}}{2S_s} \times \sin\left(2\pi\frac{x_{hip}}{S_s}\right)\dot{x}_{hip}$$

$$(5.2.6)$$

因此有:

$$\dot{z}_{hip}\left(-\frac{S_s}{2}\right) = 0, \ \dot{z}_{hip}\left(\frac{S_s}{2}\right) = 0, \ \dot{z}_{hip}(0) = 0 \qquad (5.2.7)$$

即上体在左右腿切换时刻高度方向没有冲击, 有助于支撑的平稳切换. 代入具体参数得到髋部空间运动路径如图 5.1 所示.

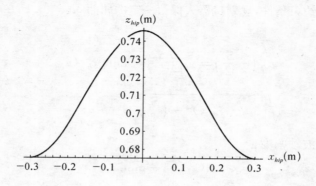

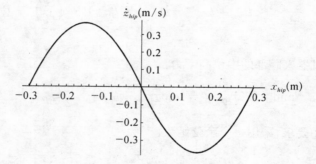

图 5.1   髋部空间运动路径

5.2.2   摆动腿踝关节的空间运动路径

5.2.2.1   摆动腿踝关节 x 向坐标 x_{ankle}

为了平稳起脚与落脚, 规划步行中脚底板始终与地面平行. 本文规划 x_{ankle} 为髋部 x_{hip} 的函数:

$$x_{ankle} = f(x_{hip}) = x_{ankle}(x_{hip}) \qquad (5.2.8)$$

机器人左右脚支撑切换时, 即 $x_{hip}(t) = \pm \dfrac{S_s}{2}$, 摆动腿位置为:

$$x_{ankle} = \pm S_s$$

机器人单脚支撑直立时刻 $x_{hip}(t) = 0$，摆动腿踝关节位于支撑腿踝关节上方，即 $x_{ankle} = 0$.

为了防止起脚和落脚时的冲击，对摆动腿运动轨迹存在速度要求：

$$\dot{x}_{ankle}\left(-\frac{S_s}{2}\right) = \dot{x}_{ankle}\left(\frac{S_s}{2}\right) = 0 \tag{5.2.9}$$

综合上述要求，采用一个正弦函数（参见图 5.2）：

$$x_{ankle} = S_s \sin\left(\frac{x_{hip}}{S_s}\pi\right) \tag{5.2.10}$$

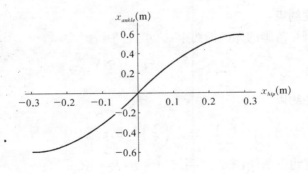

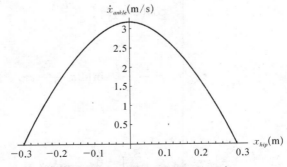

图 5.2　摆动腿踝关节 x 向运动

其速度为：

$$\dot{x}_{ankle} = \frac{\partial x_{ankle}}{\partial x_{hip}} \dot{x}_{hip} = \pi \cos\left(\frac{x_{hip}}{S_s}\pi\right)\dot{x}_{hip} \qquad (5.2.11)$$

所以：

$$\dot{x}_{ankle}\left(-\frac{S_s}{2}\right) = \dot{x}_{ankle}\left(\frac{S_s}{2}\right) = 0 \qquad (5.2.12)$$

因此该路径满足起脚和落脚的防冲击要求.

5.2.2.2　摆动腿踝关节 z 向坐标 z_{ankle}

规划 z_{ankle} 为髋部 x_{hip} 的函数：

$$z_{ankle} = f(x_{hip}) = z_{ankle}(x_{hip}) \qquad (5.2.13)$$

它有下列约束：

起脚和落脚的无碰撞约束：

$$\dot{z}_{ankle}\left(-\frac{S_s}{2}\right) = \dot{z}_{ankle}\left(\frac{S_s}{2}\right) = 0 \qquad (5.2.14)$$

运动路径约束：

$$z_{ankle}\left(-\frac{S_s}{2}\right) = z_{ankle}\left(\frac{S_s}{2}\right) = 0, z_{ankle}(0) = H_s \qquad (5.2.15)$$

根据上述约束条件，考虑采用三角函数（参见图 5.3）：

$$z_{ankle} = \frac{H_s}{2}\cos\left(2\pi\frac{x_{hip}}{S_s}\right) + \frac{H_s}{2} \qquad (5.2.16)$$

其速度为：

$$\dot{z}_{ankle} = \frac{\partial z_{ankle}}{\partial x_{hip}}\dot{x}_{hip}(t) = \frac{-\pi H_s}{S_s}\sin\left(2\pi\frac{x_{hip}}{S_s}\right)\dot{x}_{hip}(t)$$

$$(5.2.17)$$

所以

$$\dot{z}_{ankle}\left(-\frac{S_s}{2}\right) = 0, \ \dot{z}_{ankle}\left(\frac{S_s}{2}\right) = 0, \ \dot{z}_{ankle}(0) = 0 \qquad (5.2.18)$$

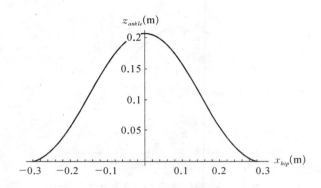

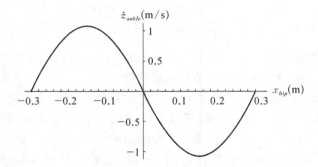

图 5.3　摆动腿踝关节 z 向运动

即起脚和落脚时不会发生摆动脚与地面的碰撞与冲击.

5.2.2.3　摆动腿踝关节的空间运动路径

综合 x、z 向路径,得到摆动腿踝关节的空间轨迹(见图 5.4)为:

$$\begin{cases} x_{ankle} = S_s \sin\left(\dfrac{x_{hip}}{S_s}\pi\right) \\ z_{ankle} = \dfrac{H_s}{2}\cos\left(2\pi\,\dfrac{x_{hip}}{S_s}\right) + \dfrac{H_s}{2} \end{cases} \tag{5.2.19}$$

其中 $x_{hip}(t)$ 为参变量.

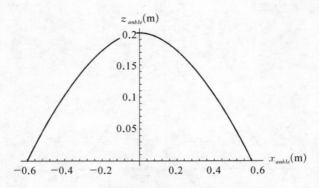

图 5.4 摆动腿踝关节的空间运动路径

5.2.3 各个关节的运动

将髋部和摆动腿踝关节空间运动路径代入第四章的步态规划算法,得到非时间参考的各个关节的运动如图 5.5 所示. 各个关节间的相对位置是以机器人髋部 x 向的位置为参考变量的,而与时间无关,也就是说在进行路径规划时可以不考虑动力学以及 ZMP 稳定性问题,而只考虑环境因素和机器人本身的结构因素. 机器人的各关节之间的相对运动具有内在性,在进行 ZMP 稳定性规划与调节时保持不变.

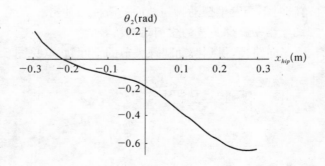

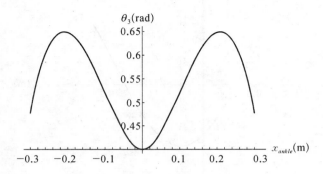

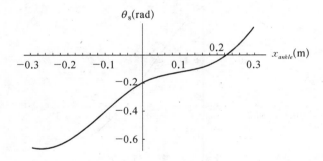

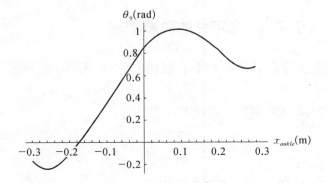

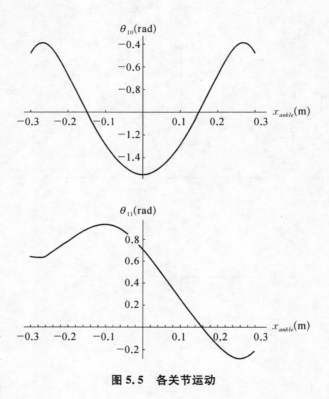

图 5.5　各关节运动

5.3　基于 ZMP 稳定性的轨迹规划

　　基于步行的周期性和左右腿的对称性,对于 x_{hip} 有三个等式约束:

　　初始、结束时刻的位置约束:

$$x_{hip}(0) = -\frac{S_s}{2},\ x_{hip}(T_s) = \frac{S_s}{2} \tag{5.3.1}$$

和初始与结束时刻速度相同的约束:

$$\dot{x}_{hip}(0) = \dot{x}_{hip}(T_s) \tag{5.3.2}$$

以及二个不等式约束.

为了节约能量以及令之具有时间的单向性特点,规划机器人上体质心在步行运动中不能出现倒退的现象,即要求速度始终大于 0:

$$\dot{x}_{hip}(t) > 0 \tag{5.3.3}$$

x_{zmp} 始终保持在有效支撑域以内:

$$x_{heel} < x_{zmp} < x_{toe} \tag{5.3.4}$$

为了同时满足这五个约束条件,经过尝试,发现三次和四次多项式均有所不足,为此采用五次多项式规划 x_{hip} 轨迹. 令:

$$x_{hip} = a_0 + a_1 t + a_2 t^2 + a_3 t^3 + a_4 t^4 + a_5 t^5 \tag{5.3.5}$$

则有:

$$\dot{x}_{hip} = a_1 + 2a_2 t + 3a_3 t^2 + 4a_4 t^3 + 5a_5 t^4$$
$$\ddot{x}_{hip} = 2a_2 + 6a_3 t + 12a_4 t^2 + 20a_5 t^3 \tag{5.3.6}$$

代入三个等式约束条件,解出三个系数:

$$x_{hip}(0) = -\frac{S_s}{2} \Rightarrow a_0 = -\frac{S_s}{2}$$

$$\dot{x}_{hip}(T_s) = \dot{x}_{hip}(0) \Rightarrow a_2 = -\frac{3}{2}a_3 T_s - 2a_4 T_s^2 - \frac{5}{2}a_5 T_s^3$$

$$x_{hip}(T_s) - x_{hip}(0) = S_s \Rightarrow a_1 = \frac{S_s}{T_s} + \frac{1}{2}a_3 T_s^2 + a_4 T_s^3 + \frac{3}{2}a_5 T_s^4 \tag{5.3.7}$$

则有:

$$x_{hip} = -\frac{S_s}{2} + \left(\frac{S_s}{T_s} + \frac{1}{2}a_3 T_s^2 + a_4 T_s^3 + \right.$$

$$\frac{3}{2}a_5 T_s^4\Big)t + \Big(-\frac{3}{2}a_3 T_s - 2a_4 T_s^2 -$$

$$\frac{5}{2}a_5 T_s^3\Big)t^2 + a_3 t^3 + a_4 t^4 + a_5 t^5$$

$$\dot{x}_{hip} = \Big(\frac{S_s}{T_s} + \frac{1}{2}a_3 T_s^2 + a_4 T_s^3 + \frac{3}{2}a_5 T_s^4\Big) +$$

$$(-3a_3 T_s - 4a_4 T_s^2 - 5a_5 T_s^3)t + 3a_3 t^2 +$$

$$4a_4 t^3 + 5a_5 t^4 \tag{5.3.8}$$

至此,步态规划问题转化为在满足速度不等式约束的情况下,求取多项式的三个系数,以使 ZMP 稳定裕量最大化的优化问题.

5.4 基于遗传算法的步态稳定性优化

5.4.1 遗传算法设计

长期以来,解决优化问题应用最多的是复合形法、惩罚函数和随机搜索法等优化方法.这些方法都涉及需要目标函数的梯度和对初始点要求严格等问题,特别是当优化问题的自由度较多、数学模型复杂时,这些方法存在局部最优现象,找到全局最优解比较困难.

和传统的优化方法相比,模拟生物进化机制的搜索和优化方法——遗传算法,具有如下优点:(1) 全局优化、隐含并行性,算法设计是从一个点群而不是从一个初始点开始寻优,因而获得的是全局最优解;(2) 具有对问题的依赖较少、对待寻优的函数基本无限制,不需要函数的梯度信息,也不要求函数的连续性.这些特征使得遗传算法非常适合于多变量单目标的约束优化问题求解.因此这种基于自然选择和基因遗传学原理的搜索算法,广泛应用于机器人学、机器学习、自动控制等领域.本文应用遗传算法对仿人形机器人双足行走的步态进行稳定性优化设计,获得最大的稳定裕量,以提高机器人行走中的抗干扰能力.

对于一个需要进行优化计算的实际应用问题,一般可按照下述步骤构造求解该问题的遗传算法:

第一步,确定待优化的变量及其各种约束条件;

第二步,确定表示可行解的编码和解码方法;

第三步,确定个体适应度的量化评价方法;

第四步,设计遗传算法程序,确定遗传变异交叉等基因操作方法,并给定遗传算法的有关运行参数.

本文设定:群体规模 $M = 100$,进化代数 $T = 1\,000$,交叉概率 $p_c = 0.7$,变异概率 $P_m = 0.03$,遗传算法计算程序如图 5.6 所示.

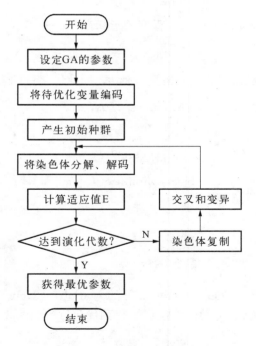

图 5.6 GA 流程图

待优化的变量：a_3、a_4 和 a_5

速度约束条件：$\dot{x}_{hip}(t) > 0$，$t \in [0, T_s]$ （5.4.1）

优化目标的确定：

在以支撑脚踝关节投影点为坐标原点的情况下，后脚跟到坐标原点的长度为 $l_{heel} = 0.08\,\mathrm{m}$，脚尖到坐标原点的长度为 $l_{toe} = 0.135\,\mathrm{m}$，支撑脚中心位置为：

$$x_{footcenter} = \frac{l_{toe} - l_{heel}}{2} \qquad (5.4.2)$$

一个步行周期内，机器人的 x 方向 ZMP 稳定性可以表示为：

$$-l_{heel} < x_{zmp} < l_{toe} \qquad (5.4.3)$$

反映 x_{zmp} 偏离支撑域中心的程度的指标为：

$$S_{index} = |\, x_{zmp} - x_{footcenter}\,| \qquad (5.4.4)$$

其数值越小，机器人的稳定裕量就越大．因此优化目标为：

$$\text{Object：Minimize}[J(a_3, a_4, a_5)] \qquad (5.4.5)$$

其中，$J(a_3, a_4, a_5) = \max[|\, x_{zmp}(t) - x_{footcenter}\,|, t \in [0, T_s]]$．

考虑约束条件，将优化目标修正为：

$$\text{Object：Minimize}(J + g) \qquad (5.4.6)$$

其中，$g = \begin{cases} 0 & \dot{x}_{hip} > 0 \\ l_{foot} & \dot{x}_{hip} \leqslant 0 \end{cases}$

5.4.2　优化结果及分析

借助 Christopher R. Houck 等的 Matlab — Genetic Algorithm for Function Optimization 工具箱，得到优化过程如图 5.7、图 5.8、图 5.9 所示．

各个变量的优化取值为：

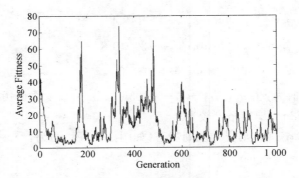

图 5.7　平均适应度演变过程

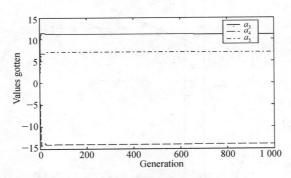

图 5.8　变量优化取值过程

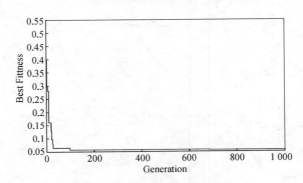

图 5.9　最优适应度演变过程

$$a_3 = 11.118\ 4$$

$$a_4 = -13.949\ 8 \qquad (5.4.7)$$

$$a_5 = 6.964\ 2$$

优化目标值为：$J(a_3, a_4, a_5) = 0.055\ 5$，$x_{zmp}$ 离支撑域边界最小距离为 $0.052\ \text{m}$，稳定裕度较大.

代入 x_{hip} 中，则得到规划步态（如图 5.10 所示）为：

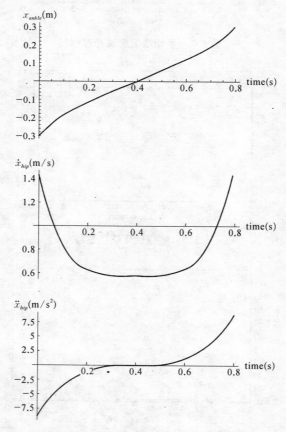

图 5.10 基于 x_{zmp} 优化的 x_{hip} 运动轨迹

$$x_{hip}(t) = -0.3 + 1.444\ 4t - 4.400\ 5t^2 +$$
$$11.118\ 4t^3 - 13.949\ 8t^4 +$$
$$6.964\ 2t^5 \quad t \in [0, T_s] \tag{5.4.8}$$

图 5.11 表明,在机器人的重心 x_{cg} 超出支撑区域时,经过遗传算法优化的规划步态的 x_{zmp} 基本处于支撑域的中心,具有较大的稳定裕量,提高了机器人行走中的抗干扰性能,保证了设计步态的复现性.

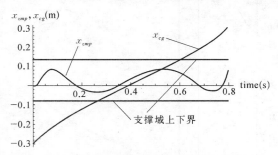

图 5.11　步态优化后的重心位置与 ZMP 稳定性

5.4.3　各个关节优化运动轨迹

将优化结果代入,得到机器人髋部和摆动腿踝关节位置轨迹如图 5.12 所示,并应用第四章的求解算法,得到前向运动的各个关节的运动轨迹如图 5.13 所示. 应用第二章的动力学算法,得到各个关节的驱动力矩如图 5.14 所示.

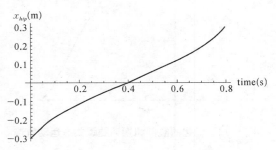

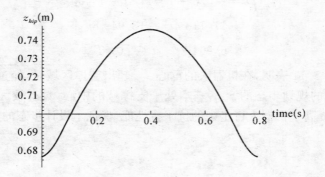

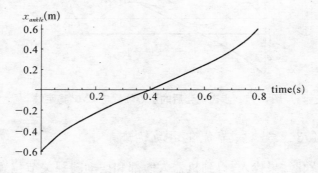

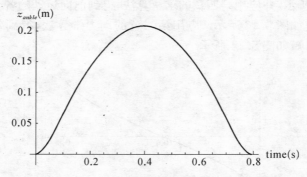

图 5.12 优化的髋部和摆动腿踝关节运动轨迹

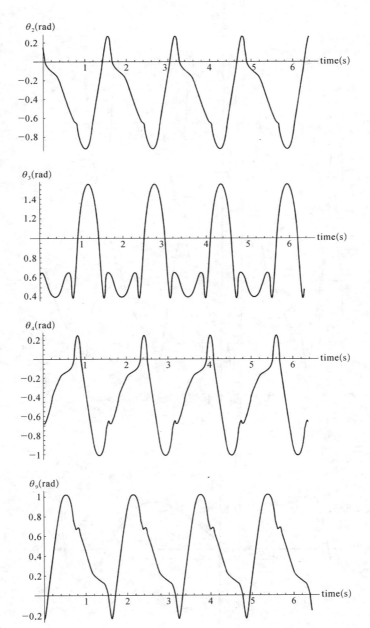

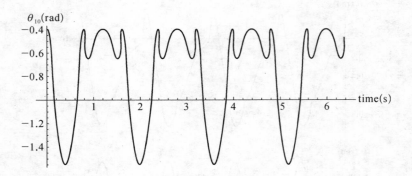

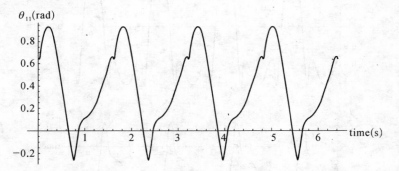

图 5.13　优化的各个关节运动轨迹

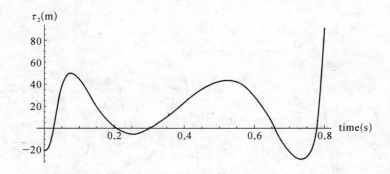

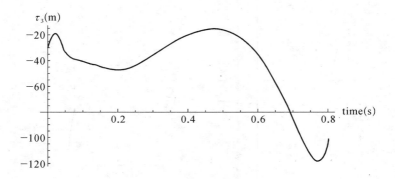

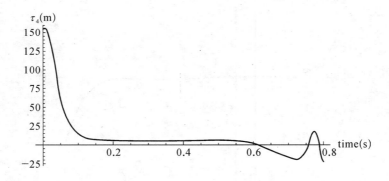

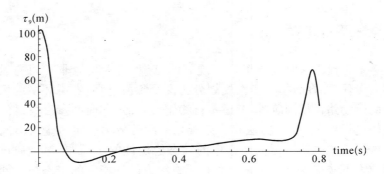

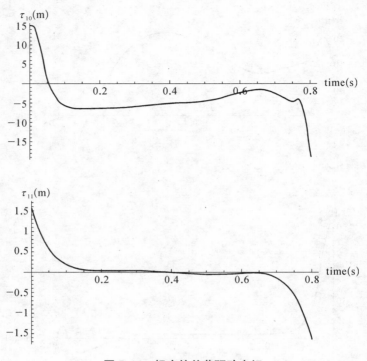

图 5.14   相应的关节驱动力矩

5.5   本章小结

　　本章提出非时间参考步态规划的思想,引入其他非时间的运动参考量代替时间量,将步态规划分为两个阶段进行:考虑环境约束的空间运动路径规划阶段;考虑步行稳定性,确定非时间参考变量的时间轨迹规划阶段. 此方法将步态规划问题分解为确定各个关节间的协调运动和保证机器人步行中的动态稳定性两个问题,对于通过障碍或上下楼梯等对机器人位形有严格约束的环境下的步态规划问题更有优越性. 在路径规划阶段,考虑环境约束,以上体前向运动位置为非时间参考变量,设计出无碰撞的机器人步行运动几何路径,得到非时间参考步态,从而固化了机器人各部分的协调运动关系.

在轨迹规划阶段,规划上体前向运动轨迹 $x_{hip}(t)$ 时仅需考虑满足 ZMP 稳定性. 经过多次尝试,最终选用五次多项式规划上体前向运动轨迹,然后考虑步行稳定性约束条件,将步态规划问题转化为有约束的优化问题.

遗传算法是一种模拟生物进化机制的搜索和优化方法,具有全局优化、隐含并行性、具有对待求问题的依赖较少等优点,本章最后利用遗传算法的出色的优化与搜索性能,得到 ZMP 稳定性好的优化步态.

第六章　双足动态步行控制与仿真

6.1　前言

　　虚拟样机技术从分析解决产品整体性能及其相关问题的角度出发，直接利用 CAD 系统所提供零部件信息，在计算机上定义零部件间的联接关系，并进行机械虚拟装配，获得机械系统虚拟样机，集合控制系统仿真设计，通过系统仿真软件在各种虚拟环境中真实地模拟系统的运动和状态，可以在计算机上方便地修改设计缺陷，仿真试验不同的设计方案，获得系统级的优化设计方案.

　　由于仿人形机器人研制的复杂性，有必要在物理样机制造之前，建立一个虚拟原理样机系统，在各种虚拟环境中模拟机器人双足步行系统的运动和状态，以评估机器人步态规划、步行控制算法的有效性，并对设计方案进行优化，提高物理样机研制成功的概率. 本文将以机械系统动力学分析专业软件 ADAMS 为基础，建立仿人形机器人 SHUR 的机械系统虚拟原理样机，并在 Matlab 中建立虚拟控制系统，从而实现一个完整的虚拟原理样机系统.

　　由于机器人实际步行环境与理想状况的差异，或者建模误差以及外界干扰的影响，仿人形机器人在实际双足步行时，有可能会破坏稳定条件，偏离原来的规划步态. 所以，对于动态步行的仿人形机器人，如何在线动态补偿，修正原来的规划步态，使机器人在步行的任意时刻都处于稳定状态非常重要.

　　人在感觉快要向前摔倒时，通常会本能地加快步伐，紧走几步，逐渐恢复稳定步行. 这是一种通过改变瞬时步行速度来恢复步行稳定性的方法,本文借鉴人的这种恢复步行稳定的方法,在机器人的ZMP偏离规划,机器人发生前倾或后倾时,通过调节瞬时步行速度的稳定性控制方法,让机器人整体加速或减速,以产生与倾覆方向相反的附加恢复力矩. 对于有障碍的环境和上下楼梯的情况下,原来规划的机器人的空间运动路径很有价值,在进行步态实时修正时希望尽可能不要改变原来的运动路径. 为此,本文进一步应用第五章的非时间参考的基本原理,在步态修正中,将步态中的机器人空间运动路径和非时间参考量的轨迹分离开来,实现在不改变原来的规划路径的情况下,根据机器人稳定状态在线实时修正步态,保证机器人动态步行时的稳定性.

最后,通过仿人形机器人的虚拟原理样机系统,进行机器人上楼梯的动态稳定行走的综合仿真验证.

6.2 仿人形机器人的虚拟原理样机建模

6.2.1 虚拟样机技术原理

在传统的产品开发过程中,通常都有一个"样机"的环节,即新型号设计结构上的一个全功能的物理装置. 通过这个装置可以验证设计理念,评估设计方案,检验各部件的设计性能以及部件之间的兼容性,并检查整机的设计性能.

随着经济全球化的发展,市场竞争日趋激烈,而竞争的核心则主要体现在产品创新上,体现在对客户的响应速度和响应品质上. 传统的物理样机在产品的创新开发中,在开发周期、开发成本、产品品质等方面已越来越不能满足市场需求. 虚拟样机技术[125](Virtual Prototype,VP)是一种全新的基于产品计算机仿真模型的数字化设计方法,以计算机仿真和产品生命周期建模为基础,以机械系统运动学、动力学和控制理论为核心,借助成熟的三维计算机图形技术、图形用户界面技术、信息技术、集成技术、多媒体技术、并行处理技术等,将分散的产品设计开发和分析过程集成在一起,使得与产品相关的所有人员能在产品研制的早期直观形象地对虚拟的产品原型进行设计优化、性能测试以及使用仿真等.

虚拟样机技术和传统的产品设计方法相比有以下特点:a) 系统的观点,强调在系统层次上模拟产品的外观、功能以及特定环境下的行为;b) 涉及产品的全生命周期,虚拟样机可用于产品开发的全生命周期,并随着产品生命周期的演进而不断丰富和完善;c) 支持产品的全方位测试、分析与评估,支持不同领域人员从不同的领域对同一虚拟产品并行地测试、分析与评估活动. 传统的物理样机由于成本、时间等方面的考虑,则只能进行有限范围和有限次数的试验,而虚拟样机技术允许设计开发人员对虚拟样机进行无数次的模拟试验,可以及时发现产品在设计、制造、使用过程中可能出现的各种缺陷,进而采取措施加以弥补或修正,从而大大提高产品品质. 此外,由于虚拟样机的可视性,方便了产品相关人员(包括研发人员和客户等)之间的沟通. 采用虚拟样机技术可以大大提高设计效率、缩短开发周期和交货期,使产品一次性开发成功成为现实.

机械系统虚拟样机技术是基于虚拟样机的机械系统仿真技术,其核心是多体系统运动学和动力学建模理论及其技术实现. 是指在机械系统设计开发过程中,在制造物理样机之前,首先利用计算机技术建立该机械系统(产品)的三维数字化模型(即虚拟样机);对其进行静力学、运动学和动力学分析,较好地仿真该机械系统的运动过程,以预测该系统的整体性能;以迅速地分析、比较并改进系统的设计方案. 提高产品的性能,最大限度地减少物理样机的试验次数.

虚拟样机技术属于计算机辅助工程(CAE)的一个分支,隶属于CAE 的其他分支还有 CAD 和有限元(FEA)等技术. 虚拟样机技术是从系统的层面来分析整个系统,而有限元技术所进行的是局部分析. 因此说,虚拟样机技术对设计方法和过程的影响要比有限元技术所带来的影响大很多.

从 1961 年美国通用汽车公司开发的质量-弹簧-阻尼系统的简单动力学分析软件 DYANA 开始,随着求解大规模复杂微分-代数方程组的数值方法与技术不断发展,目前虚拟样机技术的商品化过程已经完成,相应的分析软件已经产业化. 虚拟样机技术在工程上的应用是通过界面友好、功能强大、性能稳定的商品化虚拟样机软件实现的. 目前机械系统虚拟样机软件主要有美国 MDI 公司(已被 MSC 软件公司收购)的 ADAMS、比利时 LMI 公司的 DADS、德国航天局的 SIMPAC、其他的还有 Working Model、FLOW3D、IDEAS、ANSYS、Phoenics、Pamcrash 和 UG NX3 等. 控制系统软件主要有 Matlab、MATRIXx 和 EASYS 等. 这些软件系统的开发和使用,极大地推动了机械系统虚拟样机技术的发展和应用,促进了虚拟样机技术由分析专家的专用研究工具向普通工程技术人员易于掌握的工程设计实用工具转变.

6.2.2　仿人形机器人的虚拟原理样机建模

ADAMS(Automatic Dynamic Analysis of Mechanical System)是世界上应用最广泛的机械系统动力学仿真分析软件,目前占据超过一半的市场份额. ADAMS 软件由几十个模块组成,分为核心模块、功能扩展模块、专业模块、工具箱和接口模块 5 类. 其中最主要的模块为 ADAMS/View 用户界面模块和 ADAMS/Solver 求解器,通过这两个模块可以对大部分的系统进行仿真分析. 利用 ADAMS 软件,用户可以快速方便地创建完全参数化的机械系统几何模型,然后在几何模型上施加力、力矩和运动激励. 最后执行一组与实际状况十分接近的仿真测试,得到机械系统的实际运动状况. ADAMS 的功能很强大,如:友好的界面、快捷的建模功能、强大的函数库、交互式仿真和动画显示功能等等. 但针对一些复杂的机械系统,要想准确的控制其运动,必须引入复杂的控制环节,这时仅依靠 ADAMS 软件自身也很难做到. 好在 ADAMS/Controls 提供了与许多控制系统软件(如 MATLAB,MATRIXx,EASYS 等)的接口功能. 利用这些软件,可以把机械系统仿真与控制系统仿真结合起来,以实现对复杂机械系统的较真实的仿真.

为了准确地建立仿人形机器人的虚拟样机模型,发挥各类专业软件的优势,本文采用三维 CAD 专业软件 Pro/E 建立机器人的三维几何模型,动力学仿真采用 ADAMS 软件,应用控制系统专业软件 Matlab 进行机器人控制系统设计,并通过 ADAMS/Controls 接口模块建立起 Matlab 与 ADAMS 的实时数据管道,实现联合仿真.

仿人形机器人的虚拟原理样机模型的具体建模过程如下:

1. 建立 ADAMS 机械系统模型. 这个模应该包括必须的几何形体、约束、力、力矩和检测量

(1)在 Pro/E 中,建立仿人形机器人的各个组成部分的零件模型,然后以机器人立正姿态施加形位约束,建立装配模型;

(2)设置 ADAMS 环境参数;

(3)利用 Pro/E 与 ADAMS 的接口模块 Mechanical/Pro,将装配模型传入 ADAMS;

(4)建立各个相邻连杆间的运动副(关节),以施加运动约束;

(5)在仿人形机器人的双脚与地面间建立接触模型;

(6)给定特定关节的运动约束;

(7)对与步行运动相关的关节施加驱动力矩;

(8)建立虚拟传感器,以获得系统的状态信息.

由于 ADAMS 模型关节转角 θ' 和前文对关节变量 θ 的定义有所不同,需要建立二者之间的转换关系:

$$\begin{cases} \theta'_i = -\theta_i & (i = 1,2,\cdots,6) \\ \theta'_i = \theta_i & (i = 7,8,\cdots,12) \end{cases} \qquad (6.2.1)$$

如图 6.1、6.2 所示,建立的仿人形机器人 SHUR 机械系统虚拟样机,包括 17 个活动部件、16 个球形铰链关节以及左右脚与地面的接触模型.

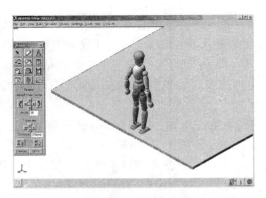

图 6.1 仿人形机器人 SHUR 的机械系统虚拟原理样机

```
- model_1                          Model
  + abdomen                        Part
  + chest                          Part
  + ground                         Part (ground)
  + head                           Part
  + hip                            Part
  + leftfoot                       Part
  + leftforearm                    Part
  + lefthand                       Part
  + leftshin                       Part
  + leftshoulder                   Part
  + leftthigh                      Part
  + neck                           Part
  + rightfoot                      Part
  + rightforearm                   Part
  + righthand                      Part
  + rightshin                      Part
  + rightshoulder                  Part
  + rightthigh                     Part
    JOINT_abdomen_hip              Spherical Joint
    JOINT_chest_abdomen            Spherical Joint
    JOINT_chest_leftshoulder       Spherical Joint
    JOINT_chest_rightshoulder      Spherical Joint
    JOINT_head_neck                Spherical Joint
    JOINT_hip_leftthigh            Spherical Joint
    JOINT_hip_rightthigh           Spherical Joint
    JOINT_leftforearm_lefthand     Spherical Joint
    JOINT_leftshin_leftfoot        Spherical Joint
    JOINT_leftshoulder_leftforearm Spherical Joint
    JOINT_leftthigh_leftshin       Spherical Joint
    JOINT_neck_chest               Spherical Joint
    JOINT_rightforearm_righthand   Spherical Joint
    JOINT_rightshin_rightfoot      Spherical Joint
    JOINT_rightshoulder_rightforearm Spherical Joint
    JOINT_rightthigh_rightshin     Spherical Joint
```

图 6.2 SHUR 的基本组成部件与主要关节

2. 定义 ADAMS 仿真模型的输入和输出变量. ADAMS 模型中的输入变量相当于要求的控制量,即关节驱动力矩;输出变量相当于传感器的测量量,即系统的状态信息,主要包括:各个关节的角位移、角速度和角加速度以及整体信息如重心、ZMP 和机器人倾斜状况等.

3. 建立控制系统方框图. 用 Matlab 软件建立控制系统框图如图 6.3 所示. 要注意,必须把 ADAMS 机械系统模块包括在方框图中,从而完成了包括 ADAMS 和控制系统软件的一个闭环系统.

4. 用设计好的控制规律进行系统仿真. 由 ADAMS 提供仿人形机器人 3D 实体模型、运动学、动力学模型和动画仿真;由 Matlab 提供期望步态和控制算法,并输出各个关节的驱动力矩. 通过 ADAMS/Control 提供的接口,Matlab 将关节力矩控制指令输给 ADAMS,后者将反映系统状态的虚拟传感器信息实时反馈给 Matlab,形成一个完整的闭环控制系统. 最终结果可以在 ADAMS 中,通过数据、绘图和动画显示保存.

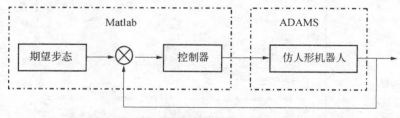

图 6.3 仿人形机器人虚拟原理样机系统

6.3 基于调节瞬时步行速度的稳定性模糊控制

对于双足步行时易发生的机器人绕支撑脚边缘的非期望倾覆的稳定性问题,一般可以用 ZMP 来度量,当然也可以直接用机器人的倾覆程度来度量. 仿人形机器人上体一般都装有陀螺仪等装置以测量机器人的倾覆程度,本文的机器人虚拟样机上也建有相应的虚拟陀螺仪,可以测出上体实际姿态相对规划姿态的倾斜度. 本文就以此倾斜度作为稳定性控制的目标,同时把它作为稳定性控制闭环系统的反馈信息.

6.3.1 分级递解控制

由于仿人形机器人具有强耦合、非线性和自由度多等特性,其行走控制问题相对普通机器人复杂得多. 多级递解控制系统是人脑智能模型在机器人控制上的具体体现,已经被广泛地应用到复杂系统的控制中,将这种控制结构用于复杂的仿人形机器人双足步行控制系统上也是合理可行的,可以解决步行控制的复杂性问题,同时还可以简化控制器的设计,使机器人步行运动控制具有智能性成为可能. 这种控制结构一般分为三层,组织级、协调级和控制级. 本文对分级递解控制结构进行简化,采用二级结构包括协调级和控制级,如图6.4所示. 协调级负责机器人的步行稳定性控制,主要完成步态轨迹的设计,接受系统级的传感信息输入,协调机器人各部分的运动,发出控制指令. 控制级接受协调级的命令,实现机器人各个关节运动的轨迹跟踪控制.

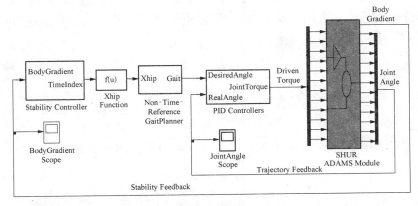

图 6.4   机器人双足步行控制系统 Matlab 框图

6.3.2 基于调节瞬时步行速度的稳定性控制

在离线步态规划时,可以保证规划的 ZMP 始终位于机器人的有效支撑域内,但是在实际步行中,由于存在行走地面与理想状况不符、机器人动力学模型误差以及外界干扰等问题,导致实际 ZMP 和规划 ZMP 之间存在偏差,如果这个偏差处于开环状态,机器人仍然按照离线规划步态行走,则会有可能破坏行走的稳定条件,规划步态也就实现不了. 为此,需要根据机器人实际步行时的稳定性状况对步态轨迹进行在线修正.

人在感觉快要向前摔倒时,则会不由自主的加快步伐,紧走几步,以衰减前冲的倾覆力矩,逐渐恢复稳定步行. 通过改变瞬时步行速度以恢复步行稳定的方法,是人在步行实践中逐渐掌握的,几乎已成为人的一个本能反应. 本文借鉴人的恢复步行稳定的方法,在机器人 ZMP 偏离规划发生前倾或后倾时,通过调节瞬时步行速度的稳定性控制方法,让机器人整体加速或减速,在机器人上产生与倾覆方向相反的附加恢复力矩;在前倾时,摆动腿还会提前落地,使机器人及时获得新的支撑,恢复机器人的稳定步行.

不失一般性,以机器人发生绕支撑脚边缘的非期望前倾为例. 本文采用让机器人加速前进的在线步态修正方法. 机器人向前加速,即有一个附加的向前加速度:

$$\Delta \ddot{x}_{hip} > 0 \tag{6.3.1}$$

则机器人上体会受到一个向后的附加惯性力:

$$\Delta F_x = -m \Delta \ddot{x}_{hip} < 0, \tag{6.3.2}$$

相对支撑脚,机器人将产生一个与倾斜方向相反的回复力矩:

$$\Delta M_y = \Delta F_x . h_{cmb} \tag{6.3.3}$$

式中 h_{cmb} 是上体的质心相对行走地面的高度. 这个附加惯性力 ΔM_y 有助于机器人 ZMP 向支撑域中心方向回复.

另一方面,机器人加速前进,摆动腿会比预定时间提前落地,使机器人在前方提前获得新支撑,避免机器人继续前倾.

因为离线规划机器人空间运动轨迹时,已经考虑了机器人行走环境因素如障碍物或者地形因素如楼梯规格、地面倾斜度等,因此希望步态修正算法尽量不要改变已经规划好的机器人空间运动路径.参考第五章非时间步态规划原理,将步态分为机器人空间运动路径和时间相关参变量轨迹两部分,只需改变机器人的时间相关参变量轨迹,就可改变机器人的动力学条件,保证行走稳定性.机器人的空间运动路径将保持不变,并大大减少了步行控制的复杂度.

对于第五章的非时间参考步态规划算法,在离线步态规划时已经将步态规划分为以上体前向运动为参考变量的空间运动路径和参考变量轨迹(即上体前向运动)两部分.机器人空间运动路径是由机器人各个部分相对上体 x 方向运动轨迹的相对运动路径确定的.只要改变机器人上体前进方向的运动轨迹 $x_{hip}(t)$ 就可以改变机器人的动力学特性,保证机器人行走的稳定性条件,而机器人空间运动路径始终保持不变.

机器人上体前进方向的运动轨迹:

$$x_{hip} = a_0 + a_1 t + a_2 t^2 + a_3 t^3 + a_4 t^4 + a_5 t^5 \qquad (6.3.4)$$

对机器人上体前进方向运动轨迹再次应用非时间参考的原理,将上述的五次多项式中的参变量(时间 t)换为非时间参变量(时间指数 tim e_{index}),而时间指数 tim e_{index} 与时间有关,是时间的函数 tim $e_{index} = f(t)$.在步行控制与仿真中,时间指数 tim e_{index} 是以采样时间间隔(在虚拟样机中,则为仿真时间步长 SimTimeStep)为间隔的离散序列:

$$\text{tim } e_{index}^{n+1} = \text{tim } e_{index}^{n} + \text{SimTimeStep} + \Delta \text{ tim } e_{index}^{n+1} \quad (6.3.5)$$

式中,Δ tim e_{index} 为根据机器人稳定状态而给予的时间指数修正量.

为了保证机器人不会因为步态修正而发生停滞不前甚至倒退的情形,要求时间指数满足:

$$\text{tim e}_{\text{index}}^{n+1} > \text{tim e}_{\text{index}}^{n+1}, \tag{6.3.6}$$

因此要求时间指数修正量始终有：

$$\Delta \text{ tim e}_{\text{index}} > - \text{SimTimeStep} \tag{6.3.7}$$

在一定的范围内，如果 $\Delta \text{ tim e}_{\text{index}} > 0$，则机器人比离线规划的步态加速前进，反之则减速. 如图 6.5 所示，由机器人的稳定状态——上体倾斜度通过模糊控制算法确定时间指数修正量 $\Delta \text{tim e}_{\text{index}}$ 的取值.

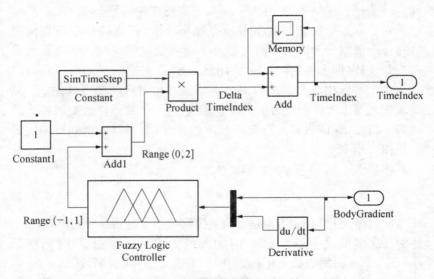

图 6.5　时间指数模糊修正系统

对于一般的步态规划方法，如第四章的常规步态规划方法，规划得到的机器人各个关节运动轨迹为：

$$\theta_i = f(t) \quad i = 1, 2, \cdots, n \tag{6.3.8}$$

将上式中的 t 换为时间指数 $\text{tim e}_{\text{index}}$，同样可以采用上述算法根据步行稳定状况进行在线步态修正. 步态修正后的机器人各关节间相对运动轨迹仍然保持不变,即机器人的空间运动路径保持不变.

6.3.3　模糊控制器设计

模糊控制是模糊推理和控制技术相结合的产物. 用模糊集合和模糊概念描述过程系统的动态特性,以数学公式的形式来代表系统的信息或经验知识,根据模糊集和模糊逻辑来作出控制决策. 模糊控制对于那些具有不确定性的、高度非线性和有复杂任务要求等特点的系统很有优势[126],因此本文采用模糊控制器实现上体倾斜度与时间指数参量的增量间的非线性映射.

应用 Matlab 的模糊控制工具箱建立如图 6.6 所示的模糊控制器,其输入包括上体倾斜角度 BodyGradient 以及上体倾斜速度 GradientRate,输出为时间参考量的系数 Coefficient. 它们的论域和隶属度函数见图 6.7 所示.

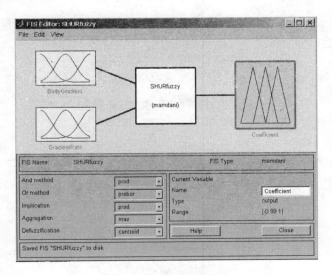

图 6.6　模糊控制器结构

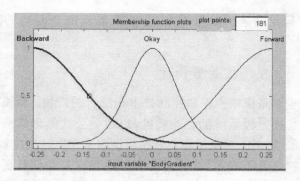

（a）上体倾斜度隶属函数

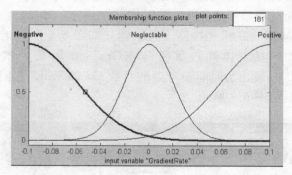

（b）倾斜速度隶属函数

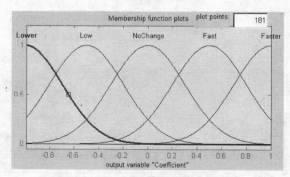

（c）时间指数修正系数隶属函数

图 6.7　模糊控制器输入输出变量隶属度函数

BodyGradient 变量分为三级：Forward、Okey 和 Backward.

GradientRate 变量分为三级：Negative、Neglectable 和 Positive.

Coefficient 变量分为五级：Lower、Low、NoChange、Fast、Faster.

推理采用如图 6.8 所示的 9 条规则，则模糊控制器的输入输出关系如图 6.9 所示.

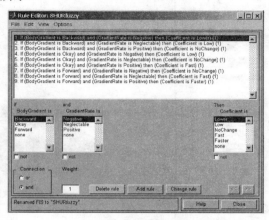

图 6.8　模糊推理规则

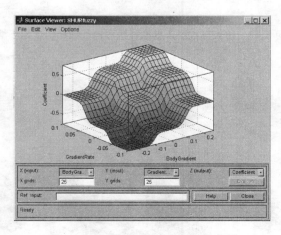

图 6.9　模糊控制器的输入输出曲面

6.3.4　上楼梯仿真

采用上述动态步行控制算法,仿人形机器人虚拟样机实现上楼梯的综合行走仿真. 每一级台阶高 0.15 m,深度 0.2 m,单步周期为 0.8 s,起步阶段为一个单步周期. 图 6.10 为机器人虚拟样机以及楼梯的虚拟环境,图 6.11 为上楼梯的动作序列虚拟照片.

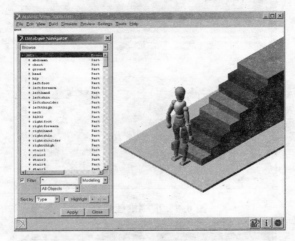

图 6.10　仿人形机器人虚拟样机和包括楼梯的虚拟环境

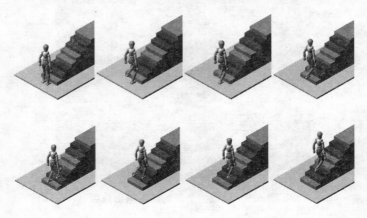

图 6.11　仿人形机器人上楼梯的动作序列虚拟照片

6.4　本章小结

　　虚拟样机技术是从系统的层面来分析整个系统,使得与产品相关的所有人员能在产品研制的早期直观形象地对虚拟的产品原型进行设计优化、性能测试、制造仿真以及使用仿真等,可以大大提高设计效率、缩短开发周期和交货期,使产品一次性开发成功成为现实.为了准确地建立仿人形机器人的虚拟原理样机,本文先用三维 CAD软件 Pro/E 建立机器人的三维几何模型,然后导入 ADAMS 中,并建立机器人的机械系统虚拟原理样机. 应用专业控制软件 Matlab 进行机器人控制系统设计与仿真,通过 ADAMS/Controls 接口模块建立起与机械系统虚拟样机间的实时数据通信管道,实现专业级虚拟原理样机系统的联合仿真.

　　本章对仿人形机器人的双足稳定步行控制策略进行了深入研究. 为了解决双足动态步行控制的复杂性,简化控制器的设计,本文采用了二级控制结构,协调级进行稳定性控制,控制级实现关节轨迹跟踪控制.

　　因为在离线规划机器人的空间运动轨迹时,我们已经考虑了机器人的行走环境因素如障碍物或者地形因素如楼梯规格、地面倾斜度等的影响,因此希望步态修正算法尽量不要改变已经规划好的机器人空间运动路径. 根据第五章的非时间步态规划原理,只需改变机器人的非时间参变量的时间轨迹,就可以改变机器人的动力学条件,保证其行走稳定性.

结合非时间参考的步态规划方法,提出了基于调节瞬时步行速度的稳定性智能控制策略,在机器人发生前倾或后倾时,通过修正非时间参考量的时间轨迹,改变瞬时步行速度,让机器人整体加速或减速,从而产生与机器人倾覆方向相反的附加恢复力矩;在前倾时,机器人的加速前进还会使摆动腿提前落地,机器人及时获得新的支撑,保证机器人的稳定步行. 本文对机器人上体前进方向运动轨迹再次应用非时间参考的原理,将表示上体前进方向运动轨迹的五次多项式中的参变量(时间 t)换为非时间参变量(时间指数 $tim\ e_{index}$,是时间的函数 $tim\ e_{index}=f(t)$). 本文根据机器人步行时上体的倾斜状态,通过改变时间指数参量 $tim\ e_{index}$ 的增量,改变机器人的瞬时步行速度,在线实时地修正步态,使机器人在不改变空间运动路径的情况下,保证机器人的动态稳定步行.

针对时间指数参量的增量与上体的倾斜状态之间的高度非线性和没有明确模型的复杂关系,本文应用模糊智能控制算法,以上体倾斜状态及其速度作为模糊控制器的输入,通过 9 条模糊推理规则,产生时间指数参量的增量的模糊输出,实现仿人形机器人的动态稳定步行智能控制.

最后,综合虚拟原理样机和步行稳定性模糊控制算法,实现了仿人形机器人上楼梯的动态稳定行走仿真.

第七章 总 结 与 展 望

7.1 工作总结

本文在消化、吸收国内外仿人形机器人研究成果的基础上,深入地研究了仿人形机器人的数学模型、步行稳定性与约束条件、步态规划与优化、虚拟样机系统建模、步行稳定性控制等问题. 所做的主要工作如下:

1. 应用旋量理论,建立仿人形机器人双足步行机构的运动学和动力学模型

首次应用旋量理论,将两足步行机构的运动学表示为若干运动螺旋的指数积,得到了仿人形机器人的三维运动学模型,并构造了运动学逆解的几何算法,给出了空间雅可比矩阵的计算公式. 基于旋量方法和指数积公式,推导了仿人形机器人两足步行机构的三维动力学方程,所得方程具有解析解,可以对系统特性作进一步的分析. 编制了机器人正运动学、逆运动学、雅可比矩阵和动力学方程的mathematica 计算机符号推理程序.

2. 研究了仿人形机器人侧向动力学模型的 Lie 对称性及其守恒量

基于现代 Lie 群分析技术,应用动力学系统的微分方程在无限小变换下的不变性的 Lie 方法,研究了仿人形机器人侧向动力学模型的 Lie 对称性,并得到相应的守恒量. 现代数学方法的引入,有助于增进对于两足步行运动地内在物理本质的深入理解,促进仿人形机器人的研究.

3. 研究了仿人形机器人的步行稳定性以及几何约束条件

　　针对仿人形机器人两足行走时易于倾覆的步行稳定性问题,给出了分别反映静稳定性和动态稳定性的机器人重心和 ZMP 的计算公式,作为评价机器人步行稳定性的基本指标.

　　支撑腿踝关节是机器人中离支撑面最近的可控关节,对 ZMP 的影响最大. 本文推导了 ZMP 与支撑腿踝关节驱动力矩间的关系,给出相对支撑腿踝关节驱动力矩的稳定性约束条件,并分析了支撑腿踝关节驱动单元的输出力矩限制对满足 ZMP 稳定性条件的影响和限制.

　　基于地面支反力中心概念,研究支撑脚与地面间的接触状况. 由支撑脚与地面间的接触面上支反力的分布状况,分析得到支撑脚与地面间保证全接触的稳定性条件,并指出满足 ZMP 稳定性条件并不能保证支撑脚与地面之间全接触. 给出了脚底板中间开槽有助于改善支撑脚与地面之间接触状况的理论依据. 相对机器人的不同受力状况,分析得到支撑脚与地面间的各种可能的接触形态. 根据接触面上切向力的分布规律和摩擦原理,导出了机器人不发生滑移与滑转的充要条件,综合接触与打滑因素,获得了机器人支撑脚相对地面保持固定的步行稳定性充要条件.

　　在仿人形机器人上下台阶的过程中,不但有机器人结构参数的限制而导致的结构约束,还有台阶对机器人运动路径的环境约束. 本文基于几何学和步态规划知识,研究了台阶对机器人运动路径的几何约束.

　　4. 给出包括起步、中步与止步的完整步态规划方法

　　本文总结了机器人双足步行中常用的基本概念,明确了单步与复步的区别,将仿人形机器人研究中的“步”的概念与日常生活中的“步”统一起来.

　　为了充分利用机器人行走中的惯性,本文规划机器人的计算质心按照倒立摆模型的固有轨迹进行被动运动,得到机器人的中步步态. 加速度是直接与力、力矩以及 ZMP 联系在一起的,本文直接采用加速度空间规划方法得到起步和止步阶段的前向步态. 根据不同阶

段的侧向步态相类似的特点,利用过渡函数将中步的侧向步态分别转化为起步与止步的侧向步态.

5. 提出非时间参考的步态规划与优化算法

提出了非时间参考的步态规划方法,将步态中的时间参变量改为非时间参变量,使步态规划可以分为两个阶段进行:1) 空间运动路径规划,以上体前向运动位置为非时间参考变量,考虑环境约束,设计出无碰撞的机器人的几何运动路径,以确定机器人各关节间的协调运动关系;2) 确定非时间参考变量的时间轨迹,先用五次多项式表示上体前向运动轨迹,再根据 ZMP 稳定性条件,将步态规划问题转化为有约束的优化问题. 最后利用遗传算法的出色的优化与搜索性能,得到 ZMP 稳定性好的优化步态. 此方法对于机器人在通过障碍或上下楼梯等对机器人位形有特殊约束时的步态规划问题具有很大优越性. 而且在进行步行稳定性控制时,只需修正非时间参考变量的时间轨迹,使在线修正算法可以很方便地在离线步态规划的基础上实现.

6. 建立仿人形机器人的虚拟原理样机

先用三维 CAD 软件 Pro/E 建立仿人形机器人的三维几何模型,然后导入机械系统动力学仿真软件 ADAMS,建立仿人形机器人的机械系统虚拟原理样机. 再应用专业控制软件 Matlab 进行机器人控制系统设计与仿真,通过 ADAMS/Controls 接口模块,建立起与机械系统虚拟样机间的实时数据通信管道,实现专业级的虚拟样机系统的联合仿真.

7. 提出基于调节瞬时步行速度的稳定性智能控制算法

为解决步行控制的复杂性问题,简化控制器的设计,采用分级递解控制结构,协调级进行步行稳定性控制,控制级实现关节轨迹跟踪控制. 针对机器人行走时易于倾覆的问题,结合非时间参考的步态规划方法,提出了基于调节瞬时步行速度的稳定性智能控制策略,在机器人发生前倾或后倾时,通过让机器人整体相应地作加速或减速,产生与机器人倾覆方向相反的附加恢复力矩;在前倾时,摆动腿还会提前落地,使机器人及时获得新的支撑,恢复机器人的稳定步行.

根据非时间参考步态规划的原理,在实施步行稳定性控制时,只需对非时间参考量进行调节修正,而不需要改变机器人的空间运动路径. 上体偏离期望姿态的倾斜状态直观地反映了机器人的步行稳定状况,为简单起见,本文即以上体的倾斜程度为智能控制器的输入,应用模糊控制算法,以上体前向运动轨迹的修正量为输出,通过修正非时间参考量的时间轨迹,调节机器人的瞬时步行速度,在线实时地修正步态,使机器人在不改变空间运动路径的情况下,实现动态稳定步行. 最后,在仿人形机器人的虚拟样机系统上,进行了机器人上楼梯的动态稳定行走的综合仿真验证.

7.2 论文创新点

与国内外的相关研究相比,主要创新点有:

(1)首次应用旋量理论,将两足步行机构的运动学表示为若干运动螺旋的指数积. 基于计算机符号推理方法,得到机器人的三维运动学和动力学的解析模型.

(2)基于现代 Lie 群分析技术,应用动力学系统微分方程在无限小变换下的不变性的 Lie 方法,研究了仿人形机器人侧向动力学模型的 Lie 对称性,并得到相应的守恒量.

(3)基于地面支反力中心概念,导出了支撑脚与地面间保持全接触的约束条件,并给出了脚底板中间开槽有助于改善脚/地间接触状况的证明. 研究了支撑脚与地面间的接触形态随着机器人受力状况的演化. 综合接触与打滑因素,得到机器人支撑脚相对地面保持固定的步行稳定性充要条件.

(4)在步态规划方面,提出了非时间参考的步态规划方法. 步态规划分为两个阶段进行:1)基于非时间参考量的空间运动路径规划,确定机器人各个关节间的协调运动关系;2)根据 ZMP 稳定性条件,确定非时间参考变量的时间轨迹. 此步态规划方法在环境对机器人空间运动路径有特殊约束时具有很大的优越性.而且在进行步行稳定性控制时,只需修正非时间参考变量的时间轨迹,而不需改变机器人的空间运动路径,因此可以很方便地在离线步态规划的基础上实现在线步态修正.

(5)在步行控制策略方面,结合非时间参考步态规划原理,提出了基于调节瞬时步行速度的稳定性智能控制策略.在机器人发生前倾或后倾时,通过修正非时间参考量的时间轨迹,改变瞬时步行速度,使机器人整体加速或减速,使机器人上产生与倾覆方向相反的附加恢复力矩.在机器人发生前倾时,摆动腿还会提前落地,机器人将及时获得新的支撑.在此基础上,应用模糊控制算法,以步行稳定状态为输入,以非时间参考量轨迹的修正量为输出,调节机器人的瞬时步行速度,在线实时地修正步态,使机器人在不改变空间运动路径的情况下,实现动态稳定步行.

7.3　展望

自 1996 年日本本田公司研制成功仿人形机器人 P2 以来,仿人双足步行,成为机器人领域的一个研究热点,发展迅速,已经初步实现了人类的基本步行功能.但我们也应认识到,要实现仿人形机器人完全像人一样的任意自由行走,真正实用化,还有很多问题需要进一步的深入研究.例如:上肢的摆动以及作业操作对步行稳定性的影响与有效利用;机器人如何实现人类行走时支撑脚的积极滚动动作,以减小能量消耗;机器人的智能化与进化问题,如同小孩学步,如何从以往的经验教训中学习,进化出更为纯熟的接近本能的动作能力等.总之,仿人形机器人研究目前还处于初级阶段,但随着相关研究的不断发展与深入,仿人形机器人将会不断"进化",会更加接近"人",这一天不会太远了!

参 考 文 献

1 http://www. humanoid. rise. waseda. ac. jp/booklet/katobook. html

2 Hirai Kazuo, Hirose Masato, Haikawa Yuji, *et al.* Development of Honda humanoid robot. *IEEE International Conference on Robotics and Automation*, 1998; (2): 1321 – 1326

3 http://www. androidworld. com

4 Yamaguchi Jin'ichi, Takanishi Atsuo, Kato Ichiro. Development of a biped walking robot compensating for three-axis moment by trunk motion. *International Conference on Intelligent Robots and Systems*, 1993; 561 – 566

5 Yamaguchi Jin'ichi, Takanishi Atsuo, Kato Ichiro. Development of a biped walking robot adapting to a horizontally uneven surface. *IEEE International Conference on Intelligent Robots and Systems*, 1994; (2): 1156 – 1163

6 Yamaguchi Jin'ichi, Takanishi Atsuo. Development of a biped walking robot having antagonistic driven joints using nonlinear spring mechanism. *IEEE International Conference on Robotics and Automation*, 1997; (1): 185 – 192

7 Lim Hun-Ok, shii Akinori, Takanishi Atsuo. Basic emotional walking using a biped humanoid robot. *Proceedings of the IEEE International Conference on Systems, Man and Cybernetics*, 1999; (4): 954 – 959

8 Lim Hun-ok, Takanishi Atsuo. Waseda biped humanoid robots realizing human-like motion. *International Workshop on*

Advanced Motion Control, AMC, 2000; 525 – 530

9 Lim Hun-Ok, Kaneshima Yoshiharu, Takanishi Atsuo. Online walking pattern generation for biped humanoid robot with trunk. *IEEE International Conference on Robotics and Automation*, 2002; (3): 3111 – 3116

10 Sugahara Yusuke, Hosobata Takuya, Mikuriya Yutaka. Realization of dynamic human-carrying walking by a biped locomotor. *IEEE International Conference on Robotics and Automation*, 2004; (3): 3055 – 3060

11 Lim Hun-Ok, Ishii Akinori, Takanishi Atsuo. Emotion-based biped walking. *Robotica*, 2004; **22**(5): 577 – 586

12 http://www.honda.co.jp/robot/

13 Hirai Kazuo. Honda humanoid robot: Development and future perspective. *Industrial Robot*, 1999; **26**(4): 260 – 266

14 Hirose Masato, Kyokai Joho, Imeji Zasshi. Bipedal humanoid robot ASIMO. *Journal of the Institute of Image Information and Television Engineers*, 2003; **57**(1): 43 – 49

15 Kaneko Kenji, Kanehiro Fumio, Kajita Shuuji, *et al*. Design of prototype humanoid robotics platform for HRP. *IEEE International Conference on Intelligent Robots and Systems*, 2002; (3): 2431 – 2436

16 Yokoi Kazuhito, Kanehiro Fumio, Kaneko Kenji, *et al*. Experimental study of humanoid robot HRP – 1S. *International. Journal of Robotics Research*, 2004; **23**(4,5): 351 – 362

17 Kanehiro Fumio, Kajita Shuuji, Hirukaka Hirohisa, *et al*. Humanoid robot HRP – 2. *IEEE International Conference on Robotics and Automation*, 2004, n 2: 1083 – 1090

18 Hirukawa Hirohisa, Kanehiro Fumio, Kaneko Kenji, *et al*. Humanoid robotics platforms developed in HRP. *Robotics and*

Autonomous Systems, 2004; **48**(4): 165 - 175

19 http://www. kawada. co. jp/ams/hrp - 2/index. html

20 http://www. jsk. t. u-tokyo. ac. jp/research/

21 Ishida Tatsuzo, Kuroki Yoshihiro, Yamaguchi Jin'ichi, *et al*. Motion entertainment by a small humanoid robot based on OPEN-R. *IEEE International Conference on Intelligent Robots and Systems*, 2001; (2): 1079 - 1086

22 Ishida Tatsuzo, Kuroki Yoshihiro, Yamaguchi Jin'ichi. Mechanical system of a small biped entertainment robot. *IEEE International Conference on Intelligent Robots and Systems*, 2003; (2): 1129 - 1134

23 Nagasaka KeN'Ichiro, KurokiYoshihiro, Suzuki ShiN'Ya, *et al*. Integrated motion control for walking, jumping and running on a small bipedal entertainment robot. *IEEE International Conference on Robotics and Automation*, 2004; (4): 3189 - 3194

24 http: //www. sony. net/SonyInfo/QRIO/top_nf. html

25 Espiau Bernard. BIP: A joint project for the development of an anthropomorphic biped robot. *International Conference on Advanced Robotics*, *Proceedings*, ICAR, 1997; 267 - 272

26 Bourgeot Jean-Matthieu, Cislo Nathalie, Espiau Bernard. Path-planning and tracking in a 3D complex environment for an anthropomorphic biped robot. *IEEE International Conference on Intelligent Robots and Systems*, 2002; (3): 2509 - 2514

27 http://www. kaist. ac. kr/ks_intro/ks_nt_prmtn/ks_pr_news/ 1177425_14 03. html

28 Kim Jung-Hoon Oh, Jun-Ho. Realization of dynamic walking for the humanoid robot platform KHR - 1. *Advanced Robotics*, 2004; **18**(7): 749 - 768

29 Tuffield Paul, Elias Hugo. The Shadow robot mimics human

actions. *Industrial Robot*, 2003; **30**(1): 56 - 60

30 Kuniyoshi Yasuo, Ohmura Yoshiyuki, Terada Koji, *et al*. Embodied basis of invariant features in execution and perception of whole-body dynamic actions - Knacks and focuses of Roll-and-Rise motion. *Robotics and Autonomous Systems*, 2004; **48**(4): 189 - 201

31 Yamamoto Tomoyuki Kuniyoshi, Yasuo Harnessing. The robot's body dynamics: A global dynamics approach. *EEE International Conference on Intelligent Robots and Systems*, 2001; (1): 518 - 525

32 http://www.kawada.co.jp/ams/isamu/index_e.html

33 http://www.toyota.co.jp/en/special/robot/index.html

34 Kajita Shuuji, Tani Kazuo. Experimental study of biped dynamic walking. *IEEE Control Systems Magazine*, 1996; **16**(1): 13 - 19

35 Kajita S., Matsumoto O., Saigo M. Real-time 3D walking pattern generation for a biped robot with telescopic legs. *IEEE International Conference on Robotics and Automation*, 2001; (3): 2299 - 2306

36 Furusho J., Masubuchi M. Control of a dynamical biped locomotion system for steady walking. *ASME*, 1984; 297 - 308

37 Furusho J., Sano A. Sensor-based control of a nine-link biped. *International Journal of Robotics Research*, 1990; **9**(2): 83 - 98

38 Sano Akihito, Furusho Junji. Control of torque distribution for the BLR-G2 biped robot. *Fifth International Conference on Advanced Robotics - '91 ICAR*, 1991; 729 - 733

39 Zheng Yuan Fang, Shen Jie. Gait synthesis for the SD - 2 biped robot to climb sloping surface. *IEEE Transactions on Robotics*

and Automation, 1990; **6**(1): 86 – 96

40　Zheng Yuan-Fang. Modeling, control and simulation of three-dimensional robotic system with applications to biped locomotion, *Ph. D. Dissertation of The Ohio State University*, 1984

41　Pratt Jerry, Pratt Gill. Intuitive control of a planar bipedal walking robot. *IEEE International Conference on Robotics and Automation*, 1998; (3): 2014 – 2021

42　Hu Jianjuen, Pratt Jerry, Pratt Gill. Stable adaptive control of a bipedal walking robot with CMAC neural networks. *IEEE International Conference on Robotics and Automation*, 1999; (2): 1050 – 1056

43　Miura Hirofumi, Shimoyama Isao. Dynamic walk of a biped. *International Journal of Robotics Research*, 1984; **3**(2): 60 – 74

44　Mita Tsutomu, Yamaguchi Toru, Kashiwase Toshio, *et al*. Realization of a high speed biped using modern control theory. *International Journal of Control*, 1984; **40**(1): 107 – 119

45　Hodgins Jessica, Koechling Jeff, Raibert Marc H. Running experiments with a planar biped. *MIT Press*, 1986; 349 – 355

46　Hodgins Jessica K. , Raibert Marc H. Biped gymnastics. *International Journal of Robotics Research*, 1990; **9**(2): 115 – 132

47　Fukuda Toshio, Komata Youichirou, Arakawa Takemasa. Stabilization control of biped locomotion robot based learning with GAs having self-adaptive mutation and recurrent neural networks. *IEEE International Conference on Robotics and Automation*, 1997; (1): 217 – 222

48　McGeer Tad. Passive walking with knees. *Proc.* 1990 *IEEE*

Int. Conf. Rob. Autom., 1990；1640 - 1645

49 McGeer Tad. Passive dynamic walking. *International Journal of Robotics Research*, 1990；**9**(2)：62 - 82

50 Jiang W. Y., Liu A. M., Howard D. Optimization of legged robot locomotion by control of foot-force distribution. *Transactions of the Institute of Measurement and Control*, 2004；**26**(4)：311 - 323

51 Albert Amos, Gerth Wilfried. Analytic path planning algorithms for bipedal robots without a trunk. *Journal of Intelligent and Robotic Systems：Theory and Applications*, 2003；**36**(2)：109 - 127

52 Wisse M., Schwab A. L., Van Der Helm F. C. T. Passive dynamic walking model with upper body. *Robotica*, 2004；**22**(6)：681 - 688

53 KunAndrew L. Control of variable-speed gaits for a biped robot. *IEEE Robotics and Automation Magazine*, 1999；**6**(3)：19 - 29

54 Thomas Miller W. III. Learning dynamic balance of a biped walking robot. *IEEE International Conference on Neural Networks*, 1994；(5)：2771 - 2776

55 竺长安. 两足步行机器人系统分析、设计及运动控制. 国防科技大学博士论文. 1992

56 马宏绪. 两足步行机器人动态步行研究. 国防科技大学博士论文. 1995

57 马宏绪, 张彭, 张良起. 两足步行机器人研究. 高技术通讯, 1995；(9)：17 - 20

58 马宏绪, 应伟福, 张彭. 两足步行机器人姿态稳定性分析. 计算技术与自动化,1997；**16**(3)：14 - 18

59 马宏绪, 张彭, 张良起. 两足步行机器人动态步行的步态控制与

实时时位控制方法. 机器人，1998；**20**(1)：1-8

60　绳涛，马宏绪，王越. 仿人机器人未知地面行走控制方法研究.
华中科技大学学报，2004；(S1)：161-163

61　刘志远. 两足机器人动态行走研究. 哈尔滨工业大学博士论
文. 1991

62　刘志远，戴绍安，裴润等. 零力矩点与两足机器人动态行走稳定
性的关系. 哈尔滨工业大学学报，1994；**26**(1)：38-42

63　纪军红. HIT-II 双足步行机器人步态规划研究. 哈尔滨工业大
学博士论文. 2000

64　张永学. 双足机器人步态规划及步行控制研究. 哈尔滨工业大
学博士论文. 2001

65　麻亮，纪军红，强文义等. 基于力矩传感器的双足机器人在线模
糊步态调整器设计. 控制与决策，2000；**15**(6)：734-736

66　张永学，麻亮，强文义等. 基于地面反力的双足机器人期望步态
轨迹规划. 哈尔滨工业大学学报，2001；**33**(1)：4-6

67　王强，纪军红，强文义等. 基于自适应模糊逻辑和神经网络的双
足机器人控制研究，2001；(7)：76-78

68　Huang Qiang, Li Kejie, Nakamura Yoshihiko, Tanie Kazuo.
Analysis of physical capability of a biped humanoid: Walking
speed and actuator specifications. *IEEE International
Conference on Intelligent Robots and Systems*, 2001；
(1)：253-258

69　Li Zhaohui, Huang Qiang, Li Kejie, Duan Xingguang. Stability
criterion and pattern planning for humanoid running. *IEEE
International Conference on Robotics and Automation*, 2004；
(2)：1059-1064

70　Huang Qiang, Zhang Weming, Li Kejie. Sensory reflex for
biped humanoid walking. 2004 *International Conference on
Intelligent Mechatronics and Automation*, 2004；83-88

71 姜山，程君实，陈佳品等. 基于遗传算法的两足步行机器人步态优化. 上海交通大学学报，1999；**33**(10)：1280 - 1283

72 包志军. 仿人型机器人运动特性研究. 上海交通大学博士论文. 2000

73 Liu Li, Wang Jinsong, Chen Ken, Zhao Jiandong, Yang, Dongchao. The biped humanoid robot THBIP-I. *Proceedings* 2001 *International Workshop on Bio-Robotics and Teleoperation*, 2001；164 - 167

74 Shi Zongying, Xu Wenli, Wen Xu, Jiang Peigang. Distributed hierarchical control system of humanoid robot THBIP - 1. *Proceedings of the World Congress on Intelligent Control and Automation* (*WCICA*)，2002；(2)：1265 - 1269

75 谭冠政，朱剑英. 无侧摆关节型两足步行机器人转弯步态规划方法的研究. 中南工业大学学报，1994；**25**(1)：101 - 106

76 Dasgupta Anirvan, Nakamura Yoshihiko. Making feasible walking motion of humanoid robots from human motion capture data. *IEEE International Conference on Robotics and Automation*，1999；(2)：1044 - 1049

77 Hurmuzlu Y. Dynamics of biped gait part I：Objective functions and control event of a planar five-link-biped. *Technical Report*，1998；1 - 11

78 Hurmuzlu Y. Dynamics of bipedal gait part I：Stability analysis of a planar five-link biped. *Technical Report*，1998；11 - 19

79 Shih C. L.，*et al*. Trajectory synthesis and physical admissibility for a biped robot during the single-support phase. *IEEE*，1990；1646 - 1652

80 Huang Q.，Arai H.，Tanie K. A high stability smooth walking pattern for biped robot. *IEEE International*

Conference on Robotics and Automation, 1999; 65 – 71

81 Fujimoto Y. , Kawamura A. Three dimensional simulation of legged robots. *Journal of Robotics and Machanics*. 1996; **8**(3): 266 – 271

82 Juang Jih-Gau. Fuzzy neural network approaches for robotic gait synthesis. *IEEE Transactions on Systems*, *Man*, *and Cybernetics*, *Part B*: *Cybernetics*, 2000; **30**(4): 594 – 601

83 Meifen Cao, et al. A design method of neural oscillatory networks for generation of humanoid biped walking patterns. *Proceedings of the* 1998 *IEEE International Conference on Robotics and Automation*, 1998; 2357 – 2362

84 Yamaguchi Jin'ichi, Takanishi Atsuo, Kato Ichiro. Development of a biped walking robot compensating for three-axis moment by trunk motion. 1993 *International Conference on Intelligent Robots and Systems*, 1993; 561 – 566

85 伍科布拉托维奇著，M. 马培荪等译,步行机器人与动力型假肢. 北京:科学出版社,1983

86 Yamaguchi J. , Soga E. , Takanishi A. Development of a biped al humanoid robot-control method of whole body cooperative dynamic biped walking. *IEEE Int. Conf. On Robotics and Automation*, 1999; 368 – 374

87 Nagasaka K, Inaba M, Inoue H. Dynamic walking pattern generation for humanoid robot based on optimal gradient method. *IEEE Int. Conf. on Systems*, *Man and Cybernetics*, 1999; 908 – 913

88 Harts M. , Kreutz-Delgado K. , Helton J. W. Optimal biped walking with a complete dynamical model. *Proc CDC'*99, 1999; 2999 – 3004

89 Roussel L. , *et al*. Generation of energy optimal complete gait

cycles for biped robots. *Proc ICRA'98*, 1998; 2036 – 2041

90 Hasegawa Y., Arakawa T., Fukuda T. Trajectory generation for biped locomotion robot. *Mechatronics.* 2000;(10):67 – 89

91 Gonzalo Cabodevila, *et al*. Quasi optimal gait for a biped robot using genetic algorthm. *IEEE*, 1997; 3960 – 3965

92 Chevallereau C, *et al*. Low energy cost reference trajectories for a biped robot. *Proceedings of the* 1998 *IEEE International Conference on Robotics and Automation*, 1998; 1398 – 1404

93 Takanishi A., Tochizawa M., Kato I. Realization of dynamic walking stabilized by trunk motion under known external force. *The 4th Symposium on Intelligent Mobile Robot*, 1988; 15 – 20

94 Huang Q., Kaneko K., Tanie K. Balancing control of a biped robot combining off-line pattern with real-tine modification. *IEEE International Conference on Robotics and Automation*, 2000; 3346 – 3352

95 Hemami H., Jr Golliday C. L. Inverted pendulum and biped stability. *Mathematical Biosciences*, 1977; **34**(1 – 2):95 – 110

96 Kajita S., Yamaura T., Kobayashi A. Dynamic walking control of a biped robot along a potential energy conserving orbit. *IEEE Trans. on Robotics and Automation.* 1992; **8**(4):431 – 437

97 Salatian Aram W, Zheng Yuan F. Gait synthesis for a biped robot climbing sloping surfaces using neural networks — I: Static learning. *IEEE International Conference on Robotics and Automation*, 1992;(3):2601 – 2606

98 Miller W. T. III. Real-time neural network control of a biped walking robot, *IEEE Control System*, 1994;(4):41 –48

99 Miyakoshi Seiichi, Taga Gentaro, Kuniyoshi Yasuo, *et al*. Three dimensional bipedal stepping motion using neural

oscillators - towards humanoid motion in the real world. *IEEE International Conference on Intelligent Robots and Systems*, 1998; (1): 84 - 89

100 Sano A., Furusho J. Realization of natural dynamic walking using the angular momentum information. *IEEE International Conference on Robotics and Automation*, 1989; 1476 - 1481

101 Jerry Pratt. Virtual model control of a biped walking robot. *Proceedings of the* 1997. *IEEE International Conference on Robotics and Automation*, 1997; 193 - 198

102 Kawaji S., Ogasawara K. Rhythm based cooperative control of biped locomotion robot. *The 2nd International Symposium on Humanoid Robot*, 1999; 148 - 155

103 Keon Young Yi. Locomotion of a biped robot with compliant ankle joints. *Proceedings of the* 1997 *IEEE International Conference on Robotics and Automation*, 1997; 199 - 204

104 Park J. H., Chung H. Hybrid control for biped robots using impedance control and computed torque control. *IEEE Int. Conf. On Robotics and Automation*, 1999; 1365 -1370

105 Kotzar G. M., Davy D. T., Berilla J., Goldberg V. M. Torsional loads in the early postoperative period following total hip replacement. *Journal of Orthopaedic Research*, 1995; **13**(6): 945 - 955

106 KatohR., Mori M. Control method of biped locomotion giving asymptotic stability of trajectory. *Automation*, 1984; **20**(4): 405 - 414

107 Neldon Wagner, Mulder M. C. A knowledge based control strategy for a biped. *Proceedings of the* 1988 *IEEE Int. Conf. on Robotics and Automation*, 1988; 1520 - 1524

108 蔡自兴. 机器人学. 北京:清华大学出版社,2000

109 理查德. 摩雷,李泽湘等著. 徐卫良,钱瑞明译. 机器人操作的数学导论. 北京:机械工业出版社,1998

1·10 Engel F. Über die zehn allegermeinen integrale der klassischen mechanik. *Nachr König. Gesell. Wissen Göttingen. Math. Phys. KI*, 1916; 270 - 275

111 Noether E. Invariante variationspobleme. *Nachr König. Gesell. Wissen Göttingen. Math. Phys. KI*, 1918; 235 - 257

112 Lie S. Die diffeentialinvarianten, its ein Korollar der theorie der differentialinvarianten. *Leipz Berichte*, 1897; (49): 342 - 257

113 Lie S. Vorlesungen über differentialgleichungen mit bekannten infinitesimalen transformationen. *B. G. Teubner, Leipzig*, 1891; 100 - 105

114 Olver Petor J. Applications of Lie groups to differential equations. *Springer-Verlag, New York*, 1993

115 Bluman G. W. Symmetries and differential equations. *Springer-Verlag, New York*, 1989

116 Lutzky M. Dynamical symmetries and conserved quantities. *J. Phys. A: Math. Gen.*, 1979; **12** (7): 973 - 981

117 Prince G. E. Toward a classification of dynamical symmetries in classical mechanics. *Bull. Austral Math. Soc.* 1983; (27): 53 - 71

118 Laksmanan M., Santhil M. Velan, direct integration of generalized lie symmetries of nonlinear Hamiltonian systems with two degree of freedom: integrability and separability. *J. Phys. A: Math. Gen*, 1992; (25): 1259 - 1272

119 赵跃宇,梅凤翔. 关于力学系统的对称性与不变量. 力学进展, 1993; **23**(3): 360 - 372

120 赵跃宇. 非保守力学系统的 Lie 对称性和守恒量. 力学学报，1994；**26**(3)：380 - 384

121 傅景礼，王新民. 相对论性 Birkhoff 系统的 Lie 对称性和守恒量. 物理学报，2000；**49**(6)：1023 - 1027

122 梅凤翔. 李群和李代数对约束力学系统的应用. 北京：科学出版社，1999

123 赵跃宇，梅凤翔. 力学系统的对称性质与不变量. 北京：科学出版社，1999

124 周明，孙树栋. 遗传算法原理及应用. 北京：国防工业出版社，1999

125 王国强，张进平，马若丁. 虚拟样机技术及其在 ADAMS 上实践，西安：西北工业大学出版社，2002

126 孙增圻等. 智能控制理论与技术. 北京：清华大学出版社，1997

致　谢

首先衷心感谢我的导师龚振邦教授. 在我攻读博士学位期间,无论是学习上、思想上,还是生活上,导师都给予无微不至的关怀和教导. 导师在论文各阶段富有启发性的建议和指导使本文的研究得以顺利进行. 先生渊博的知识、敏锐的洞察力、诲人不倦的高尚师德令学生受益良多,为我树立了做人、做事的楷模,对我今后的人生之旅将产生深远有益的影响.

北京理工大学黄强教授多次亲临指导本论文的研究工作,并审阅了本文的初稿,提出了许多宝贵建议,在此表示衷心的感谢.

作者在清华大学智能技术与系统国家重点实验室学习期间得到贾培发教授等老师的很多指导和帮助,在此表示真诚的感谢.

与国防科技大学马宏绪教授、中科院自动化所方晓庆研究员和马治国博士后、上海市应用数学和力学研究所傅景礼博士的学术讨论,使我深受启发,收获良多,在此表示由衷的感谢.

作者在论文工作期间得到了吴家麒副教授很多帮助和具体指导,并提出诸多宝贵意见,在此致以衷心的感谢. 同时还感谢汪勤悫教授、钱晋武教授、刘亮副教授等老师和师姐兄弟们的帮助.

最后,我要特别感谢我的父亲、母亲、妻子、哥哥嫂子们和弟弟多年的付出与关怀,他们的鼓励与支持是我前进的动力和源泉. 谨以此文献给他们.

感谢所有关心、支持和帮助过我的朋友们!

附录 基于旋量的双足步行系统动力学符号推理程序

```
( * Kinetics and Dynamics of SHUR using screw package * )
Directory[];
SetDirectory["screw"];
<<Screws. m;
<<RobotLinks. m;

( * Define configuration and velocity vectors of SHUR * )
q={th1,th2,th3,th4,th5,th6,th7,th8,th9,th10,th11,th12};
w= { dth1, dth2, dth3, dth4, dth5, dth6, dth7, dth8, dth9, dth10,
dth11,dth12};

( * Define the twists which define the kinematics * )
q1={0,0,hfoot};
q2=q1;
q3={0,0,hfoot+Lshin};
q4={0,0,hfoot+Lshin+Lthigh};
q5=q4;
q6=q4;
q7={0,-whip,hfoot+Lshin+Lthigh};
q8=q7;
q9=q7;
q10={0,-whip,hfoot+Lshin};
q11={0,-whip,hfoot};
```

```
q12=q11;
qwaist={0,-whip/2,hfoot+Lshin+Lthigh};
qrightsole={0,-whip,0};
omiga1={-1,0,0};
omiga5=omiga1;
omiga8=omiga1;
omiga12=omiga1;
omiga2={0,-1,0};
omiga3=omiga2;
omiga4=omiga2;
omiga9=omiga2;
omiga10=omiga2;
omiga11=omiga2;
omiga6={0,0,1};
omiga7=omiga6;
xi1=RevoluteTwist[q1,omiga1];        (* left ankle *)
xi2=RevoluteTwist[q2,omiga2];        (* left ankle *)
xi3=RevoluteTwist[q3,omiga3];        (* left knee *)
xi4=RevoluteTwist[q4,omiga4];        (* left hip *)
xi5=RevoluteTwist[q5,omiga5];        (* left hip *)
xi6=RevoluteTwist[q6,omiga6];        (* left hip *)
xi7=RevoluteTwist[q7,omiga7];        (* right hip *)
xi8=RevoluteTwist[q8,omiga8];        (* right hip *)
xi9=RevoluteTwist[q9,omiga9];        (* right hip *)
xi10=RevoluteTwist[q10,omiga10];     (* right knee *)
xi11=RevoluteTwist[q11,omiga11];     (* right ankle *)
xi12=RevoluteTwist[q12,omiga12];     (* right ankle *)
xi0={0,0,0,0,0,0};                   (* zero twist *)
```

qc1＝{0,0,hfoot};

qc2＝{0,0,hfoot+Lshin/2};

qc3＝{0,0,hfoot+Lshin+Lthigh/2};

qc4＝{0,0,hfoot+Lshin+Lthigh};

qc5＝{0,0,hfoot+Lshin+Lthigh};

qc6＝{0,－whip/2,hfoot+Lshin+Lthigh+Lupperbody /2};

qc7＝{0,－whip,hfoot+Lshin+Lthigh};

qc8＝{0,－whip,hfoot+Lshin+Lthigh};

qc9＝{0,－whip,hfoot+Lshin+Lthigh/2};

qc10＝{0,－whip,hfoot+Lshin/2};

qc11＝{0,－whip,hfoot};

qc12＝{0,－whip,hfoot/2};

(＊Compute the kinematics ＊)

g1c0＝RPToHomogeneous[IdentityMatrix[3],qc1];

g1＝ForwardKinematics[{xi1,th1},g1c0];

J1＝Simplify[BodyJacobian[{xi1,th1},{xi0,th2},{xi0,th3},{xi0,th4},{xi0,th5},{xi0,th6},{xi0,th7},{xi0,th8},{xi0,th9},{xi0,th10},{xi0,th11},{xi0,th12},g1c0]];

g2c0＝RPToHomogeneous[IdentityMatrix[3],qc2];

g2＝Simplify [ForwardKinematics[{xi1,th1},{xi2,th2},g2c0]];

J2＝Simplify [BodyJacobian[{xi1,th1},{xi2,th2},{xi0,th3},{xi0,th4},{xi0,th5},{xi0,th6},{xi0,th7},{xi0,th8},{xi0,th9},{xi0,th10},{xi0,th11},{xi0,th12},g2c0]];

g3c0＝RPToHomogeneous[IdentityMatrix[3],qc3];

g3＝Simplify

[ForwardKinematics[{xi1,th1},{xi2,th2},{xi3,th3},g3c0]];

```
J3＝Simplify[BodyJacobian[{xi1,th1},{xi2,th2},{xi3,th3},{xi0,
th4},{xi0,th5},{xi0,th6},{xi0,th7},{xi0,th8},{xi0,th9},{xi0,
th10},{xi0,th11},{xi0,th12},g3c0]];

g4c0＝RPToHomogeneous[IdentityMatrix[3],qc4];
g4＝Simplify[ForwardKinematics[{xi1,th1},{xi2,th2},{xi3,th3},
{xi4,th4},g4c0]];
J4＝Simplify[BodyJacobian[{xi1,th1},{xi2,th2},{xi3,th3},{xi4,
th4},{xi0,th5},{xi0,th6},{xi0,th7},{xi0,th8},{xi0,th9},{xi0,
th10},{xi0,th11},{xi0,th12},g4c0]];

g5c0＝RPToHomogeneous[IdentityMatrix[3],qc5];
g5＝Simplify[ForwardKinematics[{xi1,th1},{xi2,th2},{xi3,th3},
{xi4,th4},{xi5,th5},g5c0]];
J5＝Simplify[BodyJacobian[{xi1,th1},{xi2,th2},{xi3,th3},{xi4,
th4},{xi5,th5},{xi0,th6},{xi0,th7},{xi0,th8},{xi0,th9},{xi0,
th10},{xi0,th11},{xi0,th12},g5c0]];

g6c0＝RPToHomogeneous[IdentityMatrix[3],qc6];
g6＝Simplify[ForwardKinematics[{xi1,th1},{xi2,th2},{xi3,th3},
{xi4,th4},{xi5,th5},{xi6,th6},g6c0]];
J6＝Simplify[BodyJacobian[{xi1,th1},{xi2,th2},{xi3,th3},{xi4,
th4},{xi5,th5},{xi6,th6},{xi0,th7},{xi0,th8},{xi0,th9},{xi0,
th10},{xi0,th11},{xi0,th12},g6c0]];

g7c0＝RPToHomogeneous[IdentityMatrix[3],qc7];
g7＝Simplify[ForwardKinematics[{xi1,th1},{xi2,th2},{xi3,th3},
{xi4,th4},{xi5,th5},{xi6,th6},{xi7,th7},g7c0]];
J7＝Simplify[BodyJacobian[{xi1,th1},{xi2,th2},{xi3,th3},{xi4,
```

th4},{xi5,th5},{xi6,th6},{xi7,th7},{xi0,th8},{xi0,th9},{xi0,
th10},{xi0,th11},{xi0,th12},g7c0]];

g8c0＝RPToHomogeneous[IdentityMatrix[3],qc8];
g8＝Simplify[ForwardKinematics[{xi1,th1},{xi2,th2},{xi3,th3},
{xi4,th4},{xi5,th5},{xi6,th6},{xi7,th7},{xi8,th8},g8c0]];
J8＝Simplify[BodyJacobian[{xi1,th1},{xi2,th2},{xi3,th3},{xi4,
th4},{xi5,th5},{xi6,th6},{xi7,th7},{xi8,th8},{xi0,th9},{xi0,
th10},{xi0,th11},{xi0,th12},g8c0]];

g9c0＝RPToHomogeneous[IdentityMatrix[3],qc9];
g9＝Simplify[ForwardKinematics[{xi1,th1},{xi2,th2},{xi3,th3},
{xi4,th4},{xi5,th5},{xi6,th6},{xi7,th7},{xi8,th8},{xi9,th9},
g9c0]];
J9＝Simplify[BodyJacobian[{xi1,th1},{xi2,th2},{xi3,th3},{xi4,
th4},{xi5,th5},{xi6,th6},{xi7,th7},{xi8,th8},{xi9,th9},{xi0,
th10},{xi0,th11},{xi0,th12},g9c0]];

g10c0＝RPToHomogeneous[IdentityMatrix[3],qc10];
g10 ＝ Simplify [ForwardKinematics [{ xi1, th1}, { xi2, th2}, { xi3,
th3},{xi4,th4},{xi5,th5},{xi6,th6},{xi7,th7},{xi8,th8},{xi9,
th9},{xi10,th10},g10c0]];
J10＝Simplify[BodyJacobian[{xi1,th1},{xi2,th2},{xi3,th3},{xi4,
th4},{xi5,th5},{xi6,th6},{xi7,th7},{xi8,th8},{xi9,th9},{xi10,
th10},{xi0,th11},{xi0,th12},g10c0]];

g11c0＝RPToHomogeneous[IdentityMatrix[3],qc11];
temp1＝Simplify [TwistExp[xi1,th1]. TwistExp[xi2,th2].
        TwistExp[xi3,th3]. TwistExp[xi4,th4].

```
        TwistExp[xi5,th5]. TwistExp[xi6,th6]];
temp2=Simplify[TwistExp[xi7,th7]. TwistExp[xi8,th8].
        TwistExp[xi9,th9]. TwistExp[xi10,th10].
        TwistExp[xi11,th11]. TwistExp[xi12,th12]. g12c0];
temp3= temp1. temp2;
g11=Simplify[temp3];
Clear[temp1,temp2,temp3];
J11=Simplify[BodyJacobian[{xi1,th1},{xi2,th2},{xi3,th3},{xi4,
th4},{xi5,th5},{xi6,th6},{xi7,th7},{xi8,th8},{xi9,th9},{xi10,
th10},{xi11,th11},{xi0,th12},g11c0]];


g12c0=RPToHomogeneous[IdentityMatrix[3],qc12];
temp1=Simplify [TwistExp[xi1,th1]. TwistExp[xi2,th2].
        TwistExp[xi3,th3]. TwistExp[xi4,th4].
        TwistExp[xi5,th5]. TwistExp[xi6,th6]] ;
temp2=Simplify[TwistExp[xi7,th7]. TwistExp[xi8,th8].
        TwistExp[xi9,th9]. TwistExp[xi10,th10].
        TwistExp[xi11,th11]. TwistExp[xi12,th12]. g12c0];
temp3= temp1. temp2;
Clear[temp1,temp2];
g12=Simplify[temp3];
Clear[temp3];
J12temp= BodyJacobian [{ xi1, th1},{xi2, th2},{xi3, th3},{ xi4,
th4},{xi5,th5},{xi6,th6},{xi7,th7},{xi8,th8},{xi9,th9},{xi10,
th10},{xi11,th11},{xi12,th12},g12c0];
J12=Table[0,{i,1,6},{j,1,Length[q]}];
J12=Simplify[J12temp];
Clear[J12temp];
```

(* Define Mass and Inertial parameters of SHUR *)

```
m1=0;
m2=mshin;
m3=mthigh;
m4=0;
m5=0;
m6=mupperbody;
m7=0;
m8=0;
m9=mthigh;
m10=mshin;
m11=0;
m12=mfoot;
Hxx1=0;
Hyy1=0;
Hzz1=0;
Hxx2=Hxxshin;
Hyy2=Hyyshin;
Hzz2=Hzzshin;
Hxx3=Hxxthigh;
Hyy3=Hyythigh;
Hzz3=Hzzthigh;
Hxx4=0;
Hyy4=0;
Hzz4=0;
Hxx5=0;
Hyy5=0;
Hzz5=0;
Hxx6=Hxxupperbody;
```

Hyy6＝Hyyupperbody;

Hzz6＝Hzzupperbody;

Hxx7＝0;

Hyy7＝0;

Hzz7＝0;

Hxx8＝0;

Hyy8＝0;

Hzz8＝0;

Hxx9＝Hxxthigh;

Hyy9＝Hyythigh;

Hzz9＝Hzzthigh;

Hxx10＝Hxxshin;

Hyy10＝Hyyshin;

Hzz10＝Hzzthigh;

Hxx11＝0;

Hyy11＝0;

Hzz11＝0;

Hxx12＝Hxxfoot;

Hyy12＝Hyyfoot;

Hzz12＝Hzzfoot;

M1＝DiagonalMatrix[{m1,m1,m1,Hxx1,Hyy1,Hzz1}];

M2＝DiagonalMatrix[{m2,m2,m2,Hxx2,Hyy2,Hzz2}];

M3＝DiagonalMatrix[{m3,m3,m3,Hxx3,Hyy3,Hzz3}];

M4＝DiagonalMatrix[{m4,m4,m4,Hxx4,Hyy4,Hzz4}];

M5＝DiagonalMatrix[{m5,m5,m5,Hxx5,Hyy5,Hzz5}];

M6＝DiagonalMatrix[{m6,m6,m6,Hxx6,Hyy6,Hzz6}];

M7＝DiagonalMatrix[{m7,m7,m7,Hxx7,Hyy7,Hzz7}];

M8＝DiagonalMatrix[{m8,m8,m8,Hxx8,Hyy8,Hzz8}];

M9＝DiagonalMatrix[{m9,m9,m9,Hxx9,Hyy9,Hzz9}];
M10＝DiagonalMatrix[{m10,m10,m10,Hxx10,Hyy10,Hzz10}];
M11＝DiagonalMatrix[{m11,m11,m11,Hxx11,Hyy11,Hzz11}];
M12＝DiagonalMatrix[{m12,m12,m12,Hxx12,Hyy12,Hzzz12}];
Inertia＝Simplify[Transpose[J1]. M1. J1＋Transpose[J2]. M2. J2＋
Transpose[J3]. M3. J3＋Transpose[J4]. M4. J4＋Transpose[J5].
M5. J5 ＋ Transpose [J6]. M6. J6 ＋ Transpose [J7]. M7. J7 ＋
Transpose[J8]. M8. J8＋Transpose[J9]. M9. J9＋Transpose[J10].
M10. J10＋Transpose[J11]. M11. J11＋Transpose[J12]. M12. J12]

(＊ Compute the Coriolis matrix and Christoffel symbols ＊)
Coriolis＝InertiaToCoriolis[Inertia,q,w];
gamma[i_,j_,k_]:＝D[Coriolis,w[[k]]][[i,j]]
gammaOutput1＝Table[gamma[i,j,k],{i,1,Length[q]},{j,1,
Length[q]},{k,1,Length[q]}];
gammaOutput＝Simplify[gammaOutput1];
(＊ Compute the forces due to gravity ＊)
h1＝Simplify[RigidPosition[g1][[3]]];
h2＝Simplify[RigidPosition[g2][[3]]];
h3＝Simplify[RigidPosition[g3][[3]]];
h4＝Simplify[RigidPosition[g4][[3]]];
h5＝Simplify[RigidPosition[g5][[3]]];
h6＝Simplify[RigidPosition[g6][[3]]];
h7＝Simplify[RigidPosition[g7][[3]]];
h8＝Simplify[RigidPosition[g8][[3]]];
h9＝Simplify[RigidPosition[g9][[3]]];
h10＝Simplify[RigidPosition[g10][[3]]];
h11＝Simplify[RigidPosition[g11][[3]]];
h12＝Simplify[RigidPosition[g12][[3]]];

V＝Simplify[m1 g h1＋m2 g h2＋m3 g h3＋m4 g h4＋m5 g h5＋m6 g h6＋m7 g h7＋m8 g h8＋m9 g h9＋m10 g h10＋m11 g h11＋m12 g h12]

Gravity＝Map[D[V, #]&, q];

(* Compute the DrivingTorque of each joint *)
nJoint＝Length[q];
tao＝Table[0, {nJoint}];
For[$i = 1$, $i <=$ nJoint, $i++$, {tao [[i]]

$$= \sum_{j=1}^{nJoint} \text{Inertia}[[i, j]] * ddq[[j]] +$$

$$\sum_{j=1}^{nJoint} \sum_{k=1}^{nJoint} \text{gamaOutput}[[i, j, k]] * dq[[j]] * dq[[k]] +$$

Gravity[[i]]}].